城市GI引导下的采矿迹地生态恢复理论与规划研究——以徐州市为例

Theory and Planning of Abandoned Mine Land Restoration Oriented by Urban GI: A Case Study of Xuzhou

冯姗姗　常　江　著

中国建筑工业出版社

图书在版编目（CIP）数据

城市GI引导下的采矿迹地生态恢复理论与规划研究——以徐州市为例/冯姗姗，常江著. —北京：中国建筑工业出版社，2018.10

ISBN 978-7-112-22759-4

Ⅰ. ①城… Ⅱ. ①冯… ②常… Ⅲ. ①矿区-生态恢复-研究-徐州 Ⅳ. ①X322

中国版本图书馆CIP数据核字（2018）第226039号

本书围绕GI引导下的采矿迹地生态恢复，从理论、方法、实证进行深入的研究：基于景观生态学与恢复生态学学科融合的背景，以城市景观生态恢复为核心思想，从明确概念及内涵、设定生态恢复具体目标，到开展生态恢复区划评价及制定分区恢复策略，再到空间规划协调机制及实施保障策略的建立，构建了GI引导下的采矿迹地生态恢复研究的基本理论体系。本书共8章，包括第1章 绪论，第2章 采矿迹地对城市发展的影响机理，第3章 城市GI引导的采矿迹地生态恢复理论框架，第4章 采矿迹地和GI的关联性分析，第5章 城市GI引导的采矿迹地生态恢复评价模型设计，第6章 城市GI引导下的采矿迹地生态恢复空间规划协调框架，第7章 城市GI引导下的采矿迹地生态恢复规划的实施保障机制，第8章 结论。

本书可供矿区生态恢复研究人员及相关高校师生参考使用。

责任编辑：王华月
责任设计：李志立
责任校对：王　瑞

城市GI引导下的采矿迹地生态恢复理论与规划研究——以徐州市为例

冯姗姗　常　江　著

*

中国建筑工业出版社出版、发行（北京海淀三里河路9号）
各地新华书店、建筑书店经销
霸州市顺浩图文科技发展有限公司制版
北京京华铭诚工贸有限公司印刷

*

开本：787×960毫米　1/16　印张：10¾　字数：213千字
2018年10月第一版　2018年10月第一次印刷
定价：**38.00**元
ISBN 978-7-112-22759-4
（32877）

前　　言

我国疆域辽阔、资源总量丰富，但矿山开采在带动国民经济发展的同时伴随着大量采矿迹地的产生，对自然生态系统带来强烈破坏。东部平原地区煤炭城市的生态空间，面临着采矿活动及快速城市化带来的“双重压力”，城市绿色基础设施（GI）受到威胁，采矿迹地生态恢复成为城市 GI 重建的重要途径之一。

传统的采矿迹地生态恢复以项目为主导，局部生态恢复与城市整体生态功能提升结合不紧密，难以发挥出最大的生态效益。本书试图在城市 GI 与采矿迹地之间建立一种联系，将采矿迹地置于矿、城、乡统筹的生态空间背景中，以城市 GI 完善为目标对采矿迹地生态恢复时序及区划进行研究，构建适合于我国平原地区煤炭城市特征的、以优化城市 GI 系统为目标的采矿迹地生态恢复理论体系、方法模型、规划协调机制及保障体系，为实现科学、整体的采矿迹地生态恢复决策及城市生态空间规划提供依据。

本书将围绕 GI 引导下的采矿迹地生态恢复，从理论、方法、实证依次展开：

基于景观生态学与恢复生态学学科融合的背景，以城市景观生态恢复为核心思想，从明确概念及内涵、设定生态恢复目标，到开展生态恢复区划评价及制定分区恢复策略，再到空间规划协调机制及实施保障机制的建立，构建了 GI 引导下的采矿迹地生态恢复基本理论体系。

以徐州市为例，研究采矿迹地的空间分布及生态系统特征；同时通过对城市 GI 构成要素、布局特点的研究，表明煤炭城市 GI 受采矿活动和快速城市化的影响，出现城市生境破碎化、景观连通性减弱等问题。从生态系统服务功能视角，探讨采矿迹地与 GI 的功能关联性，证明采矿迹地具有完善城市 GI 的潜力。

基于 ArcGIS 平台，以完善城市 GI 为目标，从采矿迹地内部属性及外部结构两个层面，采用基于 PSR 方法的生态重要性评价及基于 Conefor Sensinode 2.6 的景观连接度评价，建立 GI 引导下采矿迹地生态恢复评价模型，计算得出采矿迹地完善 GI 的贡献度指数（Cgi），并以此作为生态恢复区划的标准。

从规划目标、编制内容、管控范围等视角剖析我国煤炭城市“多规并存”空间规划体系，研究分析了采矿迹地规划管控“失效”的现象及原因，进而从法定规划、非法定规划以及专项规划三个层面入手，构建以促进城市 GI 完善的采矿迹地生态恢复空间规划协调机制。从政策法规、组织机构、资金来源和生态理念的视角，建立 GI 引导下采矿迹地生态恢复实施保障机制。

目　　录

第1章　绪　　论

1.1　研究背景

1.1.1　研究背景

(1) 东部平原地区煤炭城市生态空间面临着采矿及城镇化的双重威胁

跨越江苏、山东、安徽、河南四省的东部黄淮海平原含煤区，是我国东部能源战略的重要保障基地，为我国建设独立完整工业体系做出重大贡献，徐州、淮北、枣庄等具有百余年开采历史的重要煤炭城市皆分布其中。这一地区主要以井工开采为主，由于20世纪我国矿产资源经济利益导向下的持续粗放开采，缺乏生态保护和修复的理念和有效的规划指导及开采控制，导致这些煤炭城市出现大面积以沉陷区为主的采矿迹地，这些土地的土壤及水文结构遭到破坏，植被及生物生境不复存在，农田经济产出丧失，致使城市生态空间萎缩、生态结构被破坏、生物多样性降低，城市整体的生态功能及生态承载力薄弱，城市可持续发展的生态基础岌岌可危。

平原地区的煤炭城市不仅仅面临地形地貌彻底改变带来的生态挑战，而且快速城镇化也不断侵蚀城市生态空间。东部平原地区是全国城镇化发展快速地区，尽管煤炭城市空间结构分散、土地利用粗放，这些城市在城镇化的热潮中同样表现出“积极”姿态，不断寻求城市扩张途径，大部分城市建设用地的指标增长趋势惊人，高资源、高消耗下的城市扩张不断蚕食着生态空间，急功近利的转型动机使得景观资源和城市发展的自然生态本底遭到进一步蚕食和破坏[1]，煤炭城市生态空间面临“城与矿”的双重威胁，城市周边土地严重浪费，新区建设中也不乏频繁上演着“空城计”。

在此背景下，生态文明建设及生态空间重建是破解煤炭城市可持续发展难题的必由之路。尤其是城市发展的基本生态空间必须进行优先保护和恢复，在最新发布的《全国资源型城市可持续发展规划（2013～2020年）》中，明确提出“结合工矿废弃地整理，建立总量适宜、景观优美的城市绿地和景观系统，走一条发展中保护、保护中发展的可持续之路”。因此，如何针对煤炭城市建立城市背景的区域生态环境保护和修复机制，重构城市的基本生态空间、维护城市生态系统的稳定性及完整性，是未来研究和实践的重要方向。

（2）采矿迹地生态重建是煤炭城市生态空间建设的重要课题之一

东部平原地区的采矿迹地位于高潜水位区域，形成大面积的沉陷积水，具有较高的生态潜力，是煤炭城市生态空间重塑的关键要素。大量研究证明，采矿迹地已经被证明具有一定的自我生态重建能力和稀有物种生存潜力[2-3]，修复为林地、湿地、水体后的采矿迹地更有利于促进生物多样和生态演替[4]。这些受损生态空间由于长期以来未进行治理和未被干扰的自由发展，形成了新的具有较高生态价值的核心区域，为许多在其他地区生存受到威胁的物种提供了生存庇护所[5]。同时采矿迹地为城市空间扩展提供了“缓冲”空间，塌陷形成的大面积水域或湿地可以作为城市的绿色斑块或廊道，重新连接分散的绿色基质，在一定程度上控制了城市的无限蔓延，为未来城市内部创造游憩空间提供可能性。

因此，采矿迹地为重构城乡生态网络提供了契机，这类土地生态修复后是补充与提升城市生态网络系统、改善水土质量及特殊栖息地保护的珍贵资源。《国家新型城镇化规划（2014～2020 年）》也提出“闲置、污染及生态受损土地”向“生态用地”转变对于健康城镇化的积极作用，其中第十八章第一节提出：“合理划定生态保护红线，扩大城市生态空间，增加森林、湖泊、湿地面积，将农村废弃地、其他污染土地、工矿用地转化为生态用地，在城镇化地区合理建设绿色生态廊道”。采矿迹地向生态用地的转变，不仅仅意味着土地用途向生态用地的改变，而是强调如何进行整体的布设功能并确定恢复时序，从而达到城市生态空间结构优化的目的，促使城市生态系统服务功能最大化的发挥。

（3）项目主导的采矿迹地治理忽视城市整体生态功能的恢复

任何生态空间的研究与管理、保护与恢复都需要一种整体性的方法，因此要实现城市生态空间功能的整体提升，必须将采矿迹地置于一个矿城乡融合的景观界面，进行从局部到整体的综合生态重建研究。在我国，如何将“土地复垦”的单一目标向“区域生态重建”综合目标转换是我国土地复垦理论界一直探讨的问题[6-7]，但目前我国采矿迹地土地复垦仍以项目为主导，土地复垦专项规划以数量调控为主，围绕新增耕地和复垦调整利用挂钩的具体指标来确定复垦区域，缺乏科学的景观生态评价以及空间管控，存在“重局部、轻整体”和“重指标、轻生态”的现象。

首先，目前采矿迹地生态修复从属于国土资源部门的土地整理与复垦工作，多以“孤立”的单一地点或单一生态系统所采取的工程措施为主，对周边环境背景考虑较少，忽视地块自然演替能力及其在整个景观体系中的生态位和生态功能，均不能有针对性的解决区域尺度的自然生态问题[8]。因缺乏系统及整体生态观念进行生态重建导致的问题众多，如刚建成不久的塌陷湖区公园出现了再次沉陷和二次污染现象；由于对区域水文条件的信息缺失，复垦后的鱼塘在枯水期出现无水现象；已经复垦为高质量农田的塌陷区域在短期内又重新规划为旅游景区。

其次，采矿迹地的生态重建也多受限于我国空间规划的“经济”导向，并没有真正从生态学的角度对其进行恢复和再利用。采矿迹地的生态价值并没有得到重视，各级规划的生态敏感度及生态指向缺失，景观规划缺位，我国耕地保护政策要求大部分采矿迹地复垦为农用地，在《土地复垦条例》第一章第四条中明确指出：“复垦的土地应当优先用于农业”。土地复垦和生态重建主要依赖数量或者用近期经济效益衡量，对长期的经济效益和生态环境效益重视不够[9]。此外，“城乡建设用地增减挂钩”等政策鼓励将偏远地区废弃工矿建设用地复垦为农业，置换城市建设用地占用耕地指标。从某种程度上，土地饥渴症下的地方政府通过采矿迹地复垦“造地”已成为媒体争议的焦点，这又一次体现了政府追逐经济利益导向下催生的复垦模式。

由上可知，要实现煤炭城市生态空间的整体生态功能最大化，必须改变项目为主导、指标为控制的采矿迹地生态恢复机制，于是作者思考，是否可以尝试一种以整体（绿色基础设施）思维来指导局部（采矿迹地）工作的研究方法，因此“城市 GI 引导下的采矿迹地生态重建”的理念应运而生。而将两者联系起来确定该课题，还源于作者在德国留学期间的所见所闻。2011～2012 年笔者在德国柏林工业大学景观与环境规划学院进行交流期间，感受到德国在矿区环境治理方面的丰富经验，表现在国家到地方完善的自然保护政策框架，不同层级严密的景观规划体系和环评制度等方面。调研中也发现在德国采矿迹地生态重建中，始终将生态系统服务功能恢复、生物多样性保护置于非常重要地位。而我国在采矿迹地生态恢复实践中更多侧重于土地复垦及可供利用状态的恢复，生态恢复研究与实践脱节，因此考虑是否可以从景观生态学视角重新审视我国的采矿迹地生态重建问题。同年作者在德国莱布尼茨生态城市与区域发展研究所访谈时，有幸了解到了景观生态学下的 GI 概念，发现 GI 作为区域内相互连通的基本生态网络，其概念及规划方法是协同解决采矿迹地生态恢复和煤炭城市生态空间重建的有效平台，“城市 GI 引导”为东部平原地区采矿迹地生态恢复提供了一种区域的视角和新的思维方式。

1.1.2 研究目的及意义

（1）研究目的

本书研究的中心目的在于讨论如何实现煤炭城市 GI 优化整体目标对采矿迹地生态恢复的引导作用，以及实现该目标的空间规划协调框架。该目标具体分解为对以下三个问题的解答：

1）如何认知采矿迹地与 GI 的关系。

认识采矿迹地与 GI 的关系，是构建 GI 引导下采矿迹地生态恢复理论及方法体系的基础。本书将从生态结构和功能两方面，论证二者之间整体与局部的关系，即采矿迹地是补充及优化 GI 的重要资源，GI 是提高大尺度采矿迹地生态恢复效率的整体框架。

2）如何实现“GI 引导”对于采矿迹地生态恢复在空间上的统筹安排。

本书认为，传统偏重经济导向的采矿迹地生态恢复方式对于城市整体生态功能提升作用有限，如果在生态优先的“GI”框架下，对采矿迹地生态恢复的优先级和区划管制策略做出科学判断，可以促进城市走向可持续发展道路。

3）如何通过空间规划工具实现以上目标。

空间规划是实现 GI 引导下采矿迹地生态恢复的关键途径。本书以我国空间规划体系现状为背景，从法定空间规划、景观生态规划、土地复垦规划等专项规划三个层面入手，讨论新思路下规划体系调整和协同的新要求，建立矿、城、乡融合的多规协调机制。

（2）研究意义

本研究将 GI 理念和方法运用到采矿迹地的生态修复研究中，建立城市 GI 引导下采矿迹地的生态潜力评价模型，明确其在城乡区域背景下的恢复时序和恢复分区，并通过建立规划协调框架，将其融入现有城乡空间规划体系中。本研究的结果具有重要理论及实践意义：

1）丰富大尺度采矿迹地生态恢复的理论研究体系；

2）有效补充非建设用地生态保护的相关研究；

3）为煤炭城市总体规划、土地利用规划、土地复垦专项规划的协调提供科学构想；

4）为规划师及政府决策提供一种生态导向的土地更新方法和思路。

1.2 国内外研究现状与发展趋势

1.2.1 相关概念

（1）采矿迹地

“采矿迹地”的概念最早出现在龙花楼于 1997 年发表的《采矿迹地景观生态重建的理论与实践》一文，随后陈志彪（2002）、常江（2005）、李富平（2010）、闫德民（2013）等学者运用了这一概念进行了矿区景观恢复的相关研究[5,10-12]。但这些学者对采矿迹地并未提出明确的定义，大都从景观生态学的角度出发，认为采矿迹地是景观结构和功能受到采矿活动影响而变化的区域。事实上，与这一概念相似的，还有被大量使用的“矿业废弃地”一词，矿业废弃地强调土地经济效益的丧失，是从人类的角度将其定义为“废弃”土地的，大多学者都遵循蓝崇钰最早提出的定义：“因采矿活动所破坏和占用的，经治理而无法使用的土地”[13-14]；少数学者从生态角度，将其定义为：“采矿及其相关活动形成的、生态系统结构和功能已全部或部分丧失的非经治理而无法恢复的区域”[15]。

尽管如此，作者更倾向重新使用“采矿迹地”这一概念，它相比“矿业废弃地”更加宽泛及清晰，解决难以界定土地是否“废弃”的问题。作者将“采矿迹地”定义为：“一切受到采矿活动影响、景观结构和功能受损的区域，包括位于矿业城镇内、周边以及乡村地区的，由于正在进行或已停止的采矿活动导致损毁、塌陷、压占进而闲置或低效利用的土地、水体及其周边流域”。

该定义强调只要是因采矿而引发的生态受损区域都可以称为采矿迹地，其主要类型包括①露天采矿形成的地表损毁土地；②井下开采造成的地表沉陷土地；③堆放采矿剥离物、废石、矿渣、粉煤灰等固体废弃物压占的土地；④工业广场等生产建设活动占用损毁的土地，从空间分布上看，既涉及城市建设用地，也包括农业用地等非建设用地。从使用状态来看，既包括闲置废弃矿业用地，也包括仍在惨淡经营的老矿区，从土地规模上看，既可以是大面积的采矿作业区及塌陷区，达到上千公顷，也可能是小片的工业用地、办公生活区。本课题的研究对象为煤炭城市的采矿迹地，因此主要围绕因煤炭开采而造成的采煤沉陷地、煤矸石压占地、煤炭企业用地等展开研究，尚不包括其他类型矿产引发的采矿迹地。

（2）绿色基础设施（GI）

GI目前仍是一个颇具争议①、炙手可热②的概念[16]，不同学科背景、不同国家对GI的内涵、层次、研究内容具有差异，尚未有广泛认可的界定。

总体而言GI具有两种显著不同的含义，一个理解是指“灰色基础设施的生态化”，为了响应《美国清洁水法》（Clean Water Act）的颁布，解决城市雨水径流对水质影响问题[17]，美国环境保护署（EPA）将GI定义为：“通过自然系统或模拟自然系统的地方雨水径流管理设计，包括绿色屋顶、植被、雨水公园、集雨设施、生态调节沟、人工湿地、透水道路”。除了美国，加拿大的GI不仅仅指给排水和洪涝灾害预防等城市径流问题，而且还包括用生态化手段减缓或补

① 作者在《英国饱受争议的GI概念的发展历程》中证明，GI像是“可持续发展”（sustainable development）一样是个模棱两可的概念，同时对概念模糊产生的原因进行阐述，认为概念的模糊是GI发展的必经阶段。

② 美国景观设计师协会（ASLA）以及国际景观设计师协会（IFLA）分别于2008、2009年将其作为大会主题，英国景观设计协会也于2009年发表立场声明强调GI的诸多效益以及在应对各种挑战时的重要作用[19]。

偿道路工程、能源设施等灰色基础设施给环境带来的影响[18]，即实现传统基础设施的生态化及绿色设计。

另一角度理解的 GI，本质上不是一个全新的理念，具有悠久的理论沉淀，其延续“绿道”（Greenway）、“绿带”（Greenbelt）、“生态网络”（Ecological network）、“生态安全格局”（ecological security pattern）等自然保护概念而来（图 1-1），从最初的一个战略概念到目前与规划体系融合并落实，经历了十几年的迅速发展。根据 Firehock（2010），这个含义的 GI 最早出现在 1994 年“佛罗里达州绿道委员会”提出的土地保护策略报告中，其意图强调自然土地和生态系统像“灰色基础设施”一样重要[20]。随后 1999 年 5 月美国总统可持续发展委员会在《可持续发展的美国：争取 21 世纪繁荣、机遇和健康环境的共识》报告中，指出 GI 是“一种积极寻求理解和平衡，评价自然资源系统不同的生态、社会和经济功能，指导可持续土地利用和开发模式，保护生态系统的战略措施”[21]。GI 最早被认可的定义于 1999 年在美国提出。在人地矛盾突出、城市化进程急剧加速的背景下，美国自然保护基金会和美国农业部林业局共同组建联合小组，将 GI 定义为：“绿色基础设施是美国自然生命支持系统，由水道、湿地、林地、野生动物栖息地及其他自然区域；绿道、公园及其他保育场所；工作农场、牧场及森林；荒地以及其

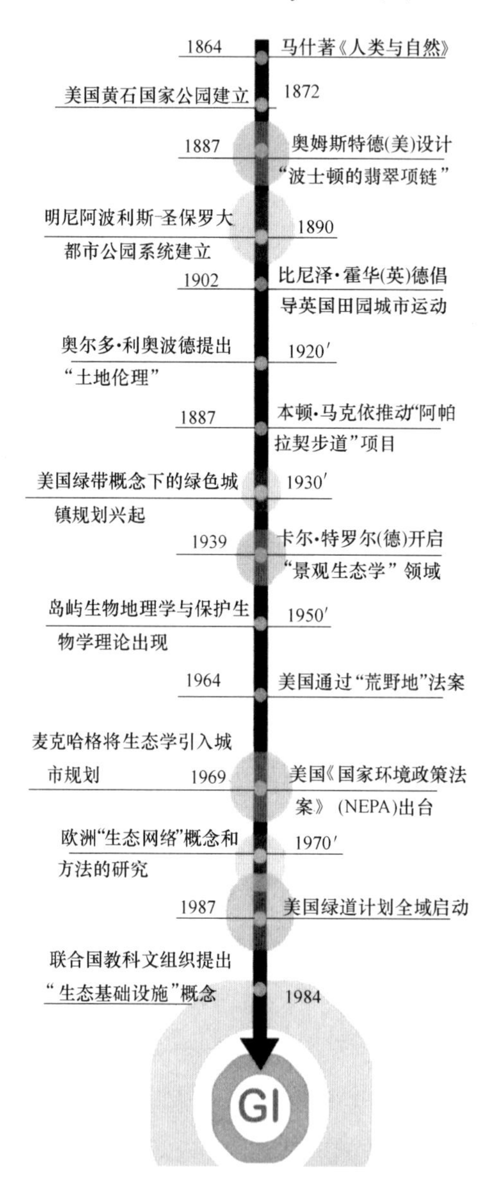

图 1-1　GI 理念发展时间轴

（图片来源：作者自绘）

他支持本土物种、保持自然生态进程、涵养大气和水资源，并对美国社区及人们身心健康和生活质量有贡献的开敞空间”[22]。同样在欧盟，GI 被认为是一种具有高质量绿色空间及环境特征的、战略性的生态网络（A strategically planned and delivered network），在欧盟 Natura 2000 中受到保护区域都被列入 GI 的核心区内。总之在欧美国家，GI 已经成为自然保护的一类相当重要的政策及空间实体。

GI 的以上两个含义迥然不同，但也有学者试图通过“景观途径”将这两个内涵统一起来，一些文献中的 GI 既包括微观的雨水处理系统，也包括绿色空间网③[17,23-25]。

不论这种争议如何激烈，作者认为，这种争议是 GI 概念发展的必然路径，GI 的两种含义都是城市可持续发展的重要内容。但在本研究中，作者从土地利用和规划实施角度，采用较为狭义的 GI 概念，即认为 GI 是保证城乡可持续发展的最基本的连续的生态空间网络。将其定义为：“GI 是一切自然、半自然区域，城市及乡村的绿地空间，陆地、淡水及海洋上一切促进生态系统健康发展、丰富生物多样性、惠及人类社区的生态空间网络”[26]。该概念强调人工与自然并存、城市和乡村融合、陆地和水域并行、生物和人类共赢，实现保护自然生态系统与为人类提供多种效益的双重目标。作者界定的 GI 强调两点本质：①GI 是网络化的连续生态空间；②GI 是最基础的“生命支撑系统”。

景观生态学为 GI 提供了“落实”生态空间实体的新思路和新途径。目前学者公认的是，GI 是由斑块（Core area）、廊道（Corridor）、缓冲区（Buffer）及踏脚石（Stepping stone）组成的天然与人工化的绿色空间网络（图 1-2）。GI 具有不同于传统概念的更多特征，包括系统性（systematicness）、多功能性（multi-function）、连接性（connectivity）、弹性（resilience）、前置性（prepositon）、等级性（priority）。

（3）生态恢复

1975 年美国弗吉尼亚召开的“受损生态系统恢复”的国际会议拉开了恢复生态学的序幕，因此生态恢复成为自 20 世纪 80 年代以来生态学领域最活跃的关键行动之一。进入 21 世纪，由于国内外社会及研究界对地球生态环境退化和健康的关注，使得生态恢复的研究又向前迈进了一步[28]，矿区生态恢复是其中重要内容，1996 年在美国召开的恢复生态学国际会议的主要议题便是矿区废弃地的生态恢复。

生态恢复（Restoration）的概念同 GI 一样，自产生以来经历了众多次的重

---

③ 如 Schneekloth（2003）认为城市 GI 由城市中可以发挥调节空气质量、水质、微气候以及管理能量资源等作用的自然及人工系统和元素组成，本质上是指城市系统所依赖的生态基础部分[27]。

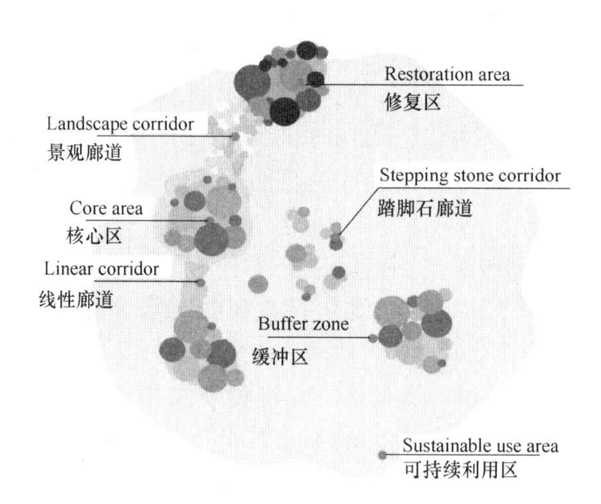

图 1-2　GI 的基本结构

（图片来源：作者改绘）

新定义和概念界定。其中最早给出定义的是恢复生态学的先驱人物 Bradshaw，他认为“Restoration 是一种提高受损土地质量或等级，恢复受破坏土地的使用价值，且使其处于生物潜势被恢复状态的行为”[29]。随后各国学者对 restoration 概念展开不同见解和激烈讨论，目前被广泛接受的为国际生态重建学会于 2002 年的最近一次定义：“生态重建是协助一个遭到退化、损伤或破坏的生态系统恢复的过程”。这里的“恢复过程”是一个实现生态整体性的修复与管理过程，包括恢复区域的生物多样性、生态过程与结构、实现生态动态平衡，建立与周边自然环境和谐的生态系统等。

在国内，生态恢复同土地复垦（Reclamation）、生态修复（Remediation）、生态复原（Rehabilitation）、再植（Revegetation）等概念一起活跃于生态恢复研究领域。这些概念大致相似，但其内涵略有不同，国内有学者对于这几个概念进行了科学的辨析和界定[28,30-31]，尤其与目前矿区环境治理中常用的“土地复垦”概念相比较，认为生态恢复具有最为综合的科学含义和技术，涵盖了矿坑回填、矿区土地平整、露天矿表土覆盖、种植与植被再植等土地复垦内容[32]。我国的土地复垦内涵与目标正向“生态恢复及重建”进行扩展，从过去只重视复垦的数量、农业目标的土地整治工程，扩展为综合考虑生物多样性、自我持续性与生态演替、社会经济效益的生态系统重建。

因此，作者认为“生态恢复”强调生态结构和功能的共同恢复，亦强调人与自然的共生，城市 GI 引导下的生态恢复是从区域视角对采矿迹地的审视，对于煤炭城市空间的可持续发展起到重要作用。

1.2.2 采矿迹地生态恢复研究进展

(1) 国外研究及实践进展

采矿迹地的生态恢复研究是恢复生态学研究的一个重要分支。恢复生态学亦是一门新兴学科，其概念于1973年美国弗吉尼亚理工大学举办的“受损生态系统恢复”国际会议上提出，学术界普遍认为，1980年Bradshaw及Chdwick合著的《The restoration of land，the ecology and reclamation of derelict and degraded land》一书的出版和1993年《restoration ecology》杂志的创刊，标志着恢复生态学从雏形走向成熟，至此恢复生态学在自然保护与开发中起重要的桥梁作用[34]。

美国、联邦德国、加拿大等发达国家很早就意识到煤矿开采对环境造成的严重危害及其引发的社会矛盾，对于采矿迹地生态恢复的实际工作在19世纪末已经展开，人们开始试验性地植树、造林，国家层面先后制定矿区生态恢复和土地复垦方面的法律法规，采取各种措施防止土地荒芜和矿区经济的滑坡[35]。而大规模的矿区生态恢复工程于20世纪中期展开，且主要集中在农业、林业复垦方面，实际上还是属于土地平整、土壤环境修复的范畴。

然而生态恢复不仅是植树种草[36-37]，自从20世纪70年代开始，受到可持续发展思想的影响，各界生态保护意识崛起，生态恢复目标开始从修复土壤环境和生产力层面的复垦工作，上升到了恢复与重建生态系统、保证系统自我持续性的层面，即在人为辅助的控制下，关注生物多样性恢复，利用群落演替和自我恢复能力，使受损生态系统恢复到接近于它受扰动前的自然状态[38]。目前，这些国家由于拥有完整的矿山环境影响评价和土地复垦法律制度体系，因此新开垦的矿山复垦率接近100%，对于历史遗留的采矿迹地，政府协同大量民间机构、社区民众及其他利益团体一直进行着不懈的努力，复垦率不断升高[39]。

美国的采矿迹地土地复垦及生态恢复工作一直走在世界前列。美国的煤矿主要以露天煤矿为主，早在1918年，美国就在印第安纳州某矿区的矸石山上进行了植被恢复试验。20世纪30年代开始，美国26个州先后制定了露天煤矿土地复垦和生态恢复相关规定，最终在1977年8月份通过并颁布了第一部全国性的土地复垦法，即《露天采矿管理与土地复垦法》（Surface Mining Control and Reclamation Act of 1977，SMCRA），使美国的土地复垦工作走上了正常的法制轨道，明确规定必须将遭到损害的生态系统资源恢复至开采前状态，法律颁布后出现的采矿迹地一律实行“谁破坏、谁复垦”，采取边开采边复垦的模式[38]。1994年7月29日美国内政部部长发布公告，纪念《露天采矿管理与土地复垦法》颁布17周年，总结美国土地复垦与生态恢复取得的成就，表明土地复垦不仅仅是恢复土地的使用价值，更重要的是保护生态环境，实现可持续发展[40]。

采矿迹地的景观生态重建是德国长期追求的目标。德国同美国相似，矿区生态恢复始于20世纪20年代，大规模土地复垦在20世纪60～80年代全面展开，已经从最初的植树、绿化到多功能复垦区域的建立，经历了由简单到综合，由幼稚到成熟的过程[41]。主要的采矿迹地生态恢复理论包括：①以经济利用为主的矿区土地复垦理论与实践，主要集中于农、林复垦地表土层的重构及生产力的提高、受开采破坏的地表水及地下水的整体治理等；②以景观构造为主的理论与实践，强调以公园、露宿营地、体育场、自然教育用地等休闲场所的建立，重塑地面景观，关注人类需求与生态恢复的融合，在德国鲁尔矿区及劳其茨矿区，休闲开敞空间已经成为采矿迹地生态恢复的重要功能之一；③以可持续发展思想主导的研究与实践，德国在采矿前后生物资源的调查、采矿活动环境影响评价及补偿措施、基于不同层级景观规划的生态恢复规划等方面的工作较为成熟，特别强调的是，德国完整而严密的空间规划体系是其能够实现生态环境保护和恢复的最有效的手段[42]。

纵观各国采矿迹地生态恢复的研究及实践历程（表1-1），可以总结出以下共性特征：

① 采矿迹地生态恢复目标不限于农、林等某一类土地功能，而以区域生态系统重建为目标；

② 采矿迹地相关法律的严密性及其执行的有效性，保证责任清晰；

③ 空间规划体系对于采矿迹地生态恢复的起到关键作用；

④ 重视采矿迹地生态恢复过程中公众参与，强调自然、社会、经济协同发展。

国外土地复垦研究与实践进展 **表1-1**

（表格来源：参考文献［43］绘制）

阶段	理论	技术	复垦目标	特点
第二次世界大战以前	认识到土地的复垦的重要性，提出土地复垦	废弃物简单处理，污染地覆土	农业为主	少量零散的工作、研究
二战后至20世纪70年代初	提出土地复垦概念及在复垦作物选择上开始相关研究，法律法规开始出现	土地平整，裂缝填充，植树种草	农业、林业等以经济利用为主	各国开始重视土地复垦，开始了相关科学试验研究及小范围的土地复垦工作
20世纪70年代至80年代末	各国陆续出台了相关的法律法规，土地复垦理论体系初步建立	回填、土壤重构，修筑相关农地设施，鱼塘设施	农业、林业、渔业、牧业、旅游业，因地制宜以景观构造为主	理论研究活跃起来，土地复垦工作逐渐步入正轨，大规模地开展工作

续表

阶段	理论	技术	复垦目标	特点
20世纪90年代以来	法律法规逐渐健全,理论体系完善	生物技术、化学技术及计算机、GIS、RS、GPS 等科学技术	林地、草地、湿地等以生态复垦、可持续发展为导向	注重矿区可持续发展,以生态复垦为主,并大范围使用高科技技术

(2) 国内研究及实践进展

相对而言，我国采矿迹地生态恢复的研究和立法于20世纪80年代才得到重视，主要围绕“农业复垦利用”展开，研究对象单一，利用方式简单，但已逐渐从自发、零散状态转变为有目的、有组织、有计划、有步骤的复垦阶段[44]。1989年生效实施的《土地复垦规定》提出“谁破坏，谁恢复”的原则，标志着我国采矿迹地生态恢复工作进入有法可依的新阶段，1998年国家颁布《土地管理法》，并在2001年开始实施“国家投资开发整理项目”。2006年我国采矿迹地生态恢复工作追溯到开采破坏源头，将“土地复垦方案”强制性纳入开采许可、用地审批程序中。2011年2月22日由国务院发布的《土地复垦条例》，标志着我国土地复垦工作向法制化、规范化道路迈进了一大步。

进入21世纪以后，采矿迹地生态恢复的研究及工程实践取得长足发展。山西平朔安太堡露天矿、安徽及两淮流域的徐州、济宁、淮北等大型矿区先后展开土地复垦及生态恢复实践项目，使得这些地区复垦率显著提高。但同时由于采矿迹地的损毁及生态监测、诊断及预警技术不足、基础资料缺失等方面问题，加之管理机构的交叉、空间规划的不完善，许多项目的法规执行力度和生态修复效果还存在问题[45-46]。与发达国家相比较，我国采矿迹地的生态恢复实践之路仍任重道远。

近20年，采矿迹地的生态恢复科研人才培养队伍也逐渐壮大，高素质的科研团队使得我国土地复垦理论在短时间内取得了丰硕的成果，不同学科的交叉促进了研究的多角度开展，如，采矿迹地生态重建的基础理论及方法、生态恢复制度、法律及政策、采矿迹地生态现状及生态损害评价、生态恢复相关规划、包括土壤改良、植被恢复在内的生态恢复技术手段、采矿迹地生态恢复过程监测与效益评价、特殊地域或开采条件下的采矿迹地生态恢复等。从以下各方面审视国内相关研究进展及演变趋势：

1）理论：从土壤改良、植被恢复、地形重塑到区域生态重建

土壤改良与植被恢复、地形地貌恢复等是采矿迹地生态恢复最为传统而核心的研究内容。进入21世纪后这些方向得到了长足的发展，我国在矿区退化土壤的物理和化学修复、矿区污染土壤的植物-微生物及动物协同修复等方面有了一

定的基础[47]。该方向集中于金属矿山土壤重金属污染治理及植被恢复研究[48]，以及北方露天煤矿的生态恢复技术，如不同植被模式的生态功能稳定性评价[49]；适合露天矿排土场生态修复与植被重建技术体系研究[50]；复垦恢复过程中植物多样性动态研究[51]。微生物复垦也是微观层面生态恢复研究的重点之一[52]。此外，杨翠霞，赵延宁等引用“师法自然”的理念，探讨了模拟小流域自然形态的废弃矿区地貌重塑原理及技术方法[53]。

然而，植被恢复并不是采矿迹地生态恢复的终极目标，自 20 世纪末开始生态重建的概念被引入，它强调通过恢复整体生态格局，重建区域内生态平衡，不仅考虑生态条件，要把社会、经济的持续发展建立在良好的自然环境之上[31]。因此，从微观层面向区域生态重建系统层面的转变，是采矿迹地生态恢复研究发展的必然趋势。早在 1997 年龙花楼就发表一文《采矿迹地景观生态重建的理论与实践》，其中提出的根据景观生态学原理优化景观结构、建立复合生态经济系统、协调矿区人地关系等理论观点至今仍不失落后。随后，白中科也对矿区生态重建的概念、特点、范围及研究内容进行了界定[54]，胡振琪，赵艳玲等提出中国土地复垦目标与内涵应该进行扩展并与国际并轨[33]，我国采矿迹地生态恢复必须具有更综合和广阔的视野，从过去偏重土地整治工程，扩展为复垦土地所在区域的景观格局、恢复生态系统及生物多样性等方面。因此，也出现大批学者针对矿区生态环境承载力、矿区生态系统退化过程、矿区生态重建评价、模式、关键技术等方面展开研究[55]。

2）学科：从传统生态恢复到生态、经济、社会、规划等多学科介入

恢复生态学研究一直强调自然科学与社会、经济等科学的结合，矿区生态系统是由社会、经济、生态所组成的复合生态系统，要实现采矿迹地内生态系统的恢复和重建，必然会涉及多个学科。矿区的社会和经济状况对生物多样性是否能够得以充分保护和生态系统是否能够向良性方向发展具有重要影响[56]。众多学者从经济、资源经济、生态经济的角度出发，初步研究了适合我国不同类型矿区的土地复垦技术体系并初步构建了生态重建的模式[34,57-59]，强调生态农业、工业、旅游等发展对采矿迹地生态恢复的重要意义，将破坏土地所在区域视为一个以人为主体的自然—经济—社会的复合系统，对破坏土地进行系统设计、综合整治和多层次开发利用，提高土地产力、生态系统的稳定性和复垦的经济效益。此外，杜剑，杨志银等从经济政策的角度研究了生态重建机制及相关法律体制的建设[60]，房茂红等建立了矿区生态恢复环境影响经济评价方法及理论，在生态恢复系统与经济系统之间架设了联系的桥梁[61]。

采矿迹地生态恢复的社会性很大程度上体现于研究中对个人及集体利益的考虑。徐大伟，杨娜基于公众参与理论和博弈论构建了公众、矿企和政府监管者三方博弈模型，分析了矿山环境恢复治理保证金制度中的公众参与行为[62]。靳东

升，郜春花等以山西省主要采煤破坏区的 67 户农户实地调查数据为依据，对影响农户复垦意愿的主要因素进行了 Logistic 模型分析，表明农户是否支持复垦主要与农户人均收入、国家是否投入复垦资金及技术，能否给予农户补贴等因素有关[63]。也有学者将经济、社会、生态因素综合考虑，研究平朔矿区复合生态系统内部的社会子系统、经济子系统、资源与环境子系统之间的反馈关系，分析平朔矿区复合生态系统 20 年间的生态足迹、生态承载力及生态赤字[64]。

3）空间：从矿区范围到城市及区域背景

在我国快速城镇化驱动下，我国以城镇及区域为背景采矿迹地生态恢复研究始于 21 世纪初。因矿产资源枯竭产生的采矿迹地在矿业城镇内和边缘地区大量出现，如何重新修复和看待这些土地资源，成为城镇发展的关键。因此，众多学者从闭矿后的土地资源的整理和再利用[65]、矿业城市内工业废弃地的活化和再生[66]、矿区土地的更新模式[67]、建立废弃矿山改造机构以及多渠道筹措资[68]等方面展开对采矿迹地生态修复和再开发的相关研究。

尤其越来越多学者从矿业城镇的可持续发展出发，将采矿迹地的再利用同城市生态环境治理和社会问题解决结合起来进行研究[69]。如张伟，张文新等从城市经济、社会稳定、城市扩展、市地优化、城乡统筹层面，探讨了煤炭城市采煤塌陷地整治与城市发展的关系，认为应结合城市经济社会发展形势，科学确定塌陷地生态恢复后的用途[70]。近些年在城市规划领域也出现以城市视角研究采矿迹地的不少成果，如张石磊等以白山市为例，从城市规划视角分析了破解传统资源型城市棕地整治等矛盾的规划响应体系，建议围绕棕地生态恢复建立景观规划、棕地开发规划、城市更新规划等非法定规划，补充法定规划的不足[1]。陈明，马嵩针对资源型城市建设发展与资源压覆之间的问题，提出统筹“地下”、“地上”建设时序，推动空间规划协调，将采煤塌陷区土地的集约利用与城市发展联系起来[71]。武静将煤矿塌陷地纳入城市的绿地系统规划进行研究，认为塌陷地对保护城市生物多样性具有重要意义[72]。

4）时间：从终极治理到对采矿全过程的监控和关注

从矿产开采许可到采矿迹地生态恢复全过程的科学规划和严密监测，一直是国外采矿迹地复垦率较高的最重要原因之一。我国在该方面也有许多学者进行了开创性的研究[73]，矿区生态环境恢复应改变过去被动的、“先破坏、后修复”的模式，而应转变为主动的、超前的、动态的并贯穿于矿山开发全过程的发展战略[34]。又如，胡振琪，李玲等对高潜水位平原区采煤塌陷地的复垦土壤形态发育状况进行定量评价，对复垦土壤生产力的提高和复垦技术的革新具有重要意义[74]。许冬、吴侃揭示了济宁煤矿区地表塌陷积水的时空演变规律[75]。加强煤矿区塌陷积水面积的测算与塌陷积水区的实时动态监测，可为矿区土地复垦与生态重建提供依据。

5）尺度：从单一生态系统到景观及区域尺度的生态恢复研究

随着环境问题与社会经济发展的全球化，生态系统乃至景观等大尺度的研究日益成为恢复生态学新的研究热点。景观生态学为大尺度研究采矿迹地提供了必要途径。因此，运用景观生态学方法进行矿区生态恢复研究，也逐渐被国内学者所关注，如李保杰，顾和和等基于景观生态学基础，系统研究了矿区土地景观格局演化及其生态效应[77]；吴国玺等以北京门头沟区为例，研究区域景观格局变化，并提出生态恢复策略[78]；渠爱雪以徐州市为例研究了矿业城市土地利用与生态演化的关系[79]；徐嘉兴，李钢等综合评价了 2001～2010 年徐州市贾汪煤矿区土地景观生态质量，并分析其变化趋势[80]。对复垦工程实施进行生态质量效果监测；廖谌婳利用“斑块-廊道-基质”原理对平原高潜水位采煤塌陷区进行了景观生态规划与设计研究[81]。刘海龙通过判别生态网络中关键部位的采矿地对整体生态格局和过程的影响，制定污染治理、水系恢复以及植被重建等措施[82]。侯湖平分析采矿对矿区景观生态影响的变化规律，从生态修复适用范围、模式、技术等方面提出矿区生态修复的策略[83]。生态恢复必须诉诸景观途径[84]，景观生态学与恢复生态学的结合成为必然。

6）规划：从土地复垦等专项规划的内容探讨到新技术在规划设计中的运用

规划是实现采矿迹地生态恢复项目落地的重要环节。国内学者针对不同的采矿迹地类型，对土地复垦方案、矿区生态恢复规划、矿山治理规划等进行了大量的研究，从规划前期评价、规划编制内容、规划实施效益、规划中利益主体博弈等方面都有涉及[85-88]。随着计算机技术的发展，越来越多的先进辅助决策技术方法运用到规划的制定过程中，如 R2V 与 Desktop ArcInfo 在矿区土地复垦规划中的应用研究[89]、塌陷预测在采煤矿区土地复垦规划中的应用[90]、矿山土地复垦规划快速三维可视化技术[91]、基于三维激光扫描技术的塌陷土地复垦规划研究[92]等。这些新技术提高了规划设计的效率，促进了矿区采矿迹地生态恢复规划设计技术的发展。

1.2.3 绿色基础设施研究进展

(1) 国外研究及实践进展

绿色基础设施的概念源于 20 世纪 90 年代的美国，人们逐渐开始强调自然环境因素在土地利用规划决策中的重要性。Benedict MA 等学者提出，绿色基础设施是未来 21 世纪精明保护的重要工具[22]。由于 GI 是近十几年才出现的新概念，因此对 GI 政策演变、GI 概念辨析、GI 土地类型的研究大量出现[93]，MARCO AMATI 等从国际及英国范围展望了绿带概念的发展前景，分析关于绿道政策的变化，阐述了如何将绿道和绿色基础设施概念更好结合[94]。从技术工具层面，如何掌握 GI 的范围、分布、结构和动态变化也是学者关注的方向，2000 年 Weber T 等学者为了确定并评估马里兰省绿色基础设施，建立一种 GI 评估工具来实现区域自然保护和城市发展政策[95]。此后 James D. Wickhama，Kurt H. Riitters 等人为了适应 GI 的动态特性，建立起动态模拟的 GI 分析方法[96]。

GI 概念自建立起就承担着积极的社会属性，因此 GI 与公众健康之间的关系受到诸多关注[97-98]，其中有学者讨论绿色基础设施多样性和城市社区健康之间的关系[99]。也有学者试图通过 GI 来解决社会问题，缓解城市贫困和促进健康社区的形成[100]。事实证明，GI 确实是联系景观和社区的关键纽带[101]。GI 不仅具有较大的社会效益，还具有经济潜力，SCOTT W. BRUNNER 从经济学角度就如何利用绿色空间驱动经济发展做了探讨[102]。

GI 的概念也不仅仅停留在理论上，在美国的马里兰州、佛罗里达州较早开展了绿色基础设施方面的实践[103]。大规模绿色基础设施网络从已经有一定规模的绿道体系开始，通过资源评估、规划、GIS 分析等进行进一步的绿色基础设施规划，并通过各相关管理部门的相互合作以及研究与规划部门制定可实施性的保护、建设、弥补方案，从而全面开展实施[104]。

如上所述，GI 的含义包含了社会经济层面的规划战略和生态层面的物质空间网络两层含义，意味着不同学科背景的研究者，如生态学家同社会经济学家对于 GI 的研究框架和目标侧重不同。生态学家侧重从 GI 的生态效益出发，解决“在哪儿建立 GI”和“何时投资建设 GI”的问题，而社会及经济学家往往从政策与战略高度审视 GI，更多强调 GI 的经济和社会效益，如研究 GI 政策，GI 投资评估，GI 与经济发展、人口增长、健康幸福、气候变化之间的关系（表 1-2）。

不同学科背景下 GI 相关研究（狭义 GI，不包括雨水径流含义文献）表 1-2

（表格来源：作者自绘）

研究学科		研究方向	内容	作者
生物生态	景观生态学	GI 生态评估	利用形态学方法在美国国家尺度对 GI 及其变化进行评估[105]	James D. Wickham et al.，2010
			通过形态空间格局分析法研究罗马 GI 景观变化和生态效用[106]	Anna barbate et al.，2013
	社会生态学	GI 管理	GI 对城市生态系统服务管理的重要性，强调地方管理的重要性[107]	Erik andersson et al.，2014
		GI 生态评估	运用景观评估模块、GIS 空间评估及社会人口调查来评估城市 GI，重视联系环境和社会问题[108]	Jose antonio gonzalez-duque et al.，2013
			通过社会生态学视角，建立 GI 多功能评估概念框架，将 GI 与 ES（生态系统服务）联系起来[109]	Rieke Hansen et al.，2014；Cecilia polacow Herzog et al.，2013
	恢复生态学	GI 与生态修复	通过生态修复重建 GI：英国国家森林项目[110]	J. harris，2010

续表

研究学科		研究方向	内容	作者
经济管理	公共管理学	GI政策	公众对GI政策的响应及GI在规划体系中的作用[111]	John lockhart，2009
			检验GI政策的有效性[112]	Lynch，A. J.，2013
			从政策角度看绿带向GI的转变[113]	Kevin Thomas et al，2010
			适应气候策略的景观尺度GI投资[114]	Jeff lerner et al.，2012
		GI与规划政策	GI在主流规划政策中的适应框架[115]	Yaser abunnasr et al.，2012
			英国GI纳入城市规划机制及法规框架[116]	Yong-Gook Kim et al.，2012
	工商管理学	GI经济评估	城市GI投资评估方法及模型[117]	V vandermeulen et al.，2011
			GI的经济效益与GI的投资意愿[118-119]	Ian c. mell et al.，2013；Jost wilker et al.，2013
			利用特征价格法评估GI可达性、丰富度及场地特征对房地产开发项目效益的影响[120-121]	Noelwah r. netusil et al.，2014；Pierre beauchamp et al.，2012
社会人文	社会经济学	GI管理	GI景观管理是社会-经济发展的一种新工具[122]	Wenping liu et al.，2014
		GI与生物多样性	城市社会经济视角下的GI与鸟类多样性关系研究[123]	Amélie y. davis et al.，2012
	城乡社会学	GI与气候变化	GI在伦敦气候变化中的作用[124]	Sarah jones et al.，2014
		GI的社会效益（游憩、社区关系、人类福祉与健康、区域复兴）	城市河道两侧未经设计的开敞空间的游憩价值影响因素及评价[125]	C. scott shafer et al.，2013
			环境引导下的复兴：英国国家森林公园项目修复项目[126]	Sophie Churchill et al.，2010
			GI多样性与城市社区的福祉关系研究[127]	Mazlina mansor et al.，2012
			GI：联系景观与社区[101]	Carmela canzonieri et al.，2007

因此有学者针对GI模棱两可的特性以及其理论与实践分离的现象，对GI进行批判性研究[16,114,128]，Hannah认为英国很多学者中存在一种倾向，认为GI内涵不清将会导致GI变为一个“极易变质”的概念，这种争议会进一步加剧混淆，使得政治团体滥用GI概念，阻碍GI的实际实施。还有学者认为大家盲目追捧的GI概念，正逐渐变为一个行无意义的行话，论述GI并不能体现和代表公园、绿廊的一些最重要特征，其在捕捉人类深层次设计意图（以及设计与拥有悠久历史的公共计划、建筑、景观设计和文化之间的关系）方面却完全失败了[87]。

(2) 国内研究及实践进展

GI 概念的出现对支持我国"新型城镇化"的生态路径具有重要意义。30 多年的快速城镇化至今，与"绿色"基础设施对应的"灰色"基础设施，如道路、交通、给排水、燃气供暖、园林绿化等逐步完善，同时城市空间格局形成，城镇体系基本完善，城市建设取得巨大成就[131]，然而人口增长、资源消耗带来的城市生态问题导致部分城市处于严重"亚健康"状态，因此包括 GI 在内的各种"本土"或"舶来"的，与城市生态建设相关的名词变得炙手可热、频繁出现④，作者认为 GI 作为一个崭新的舶来概念，内涵正在逐步完善，有必要对其产生背景与近似概念进行研究。GI 是个延伸概念，其中与 GI 概念最为接近的是 1984 年联合国教科文组织的"人与生物圈计划"（MAB）报告中提出的生态城市规划五项原则中的"生态基础设施"（EI）概念[132]。

国内很多学者将城市生态空间及其构成的网络比喻为城市不可或缺的"基础设施"来进行相关研究，其中最具有代表性的是以俞孔坚为首进行的研究工作，首先引入 EI 概念，对 EI 的在世界范围内的起源、背景及发展趋势进行了梳理和总结，并提出构建的具体方法和措施[133-134]，同时，将该概念运用到多个城市及区域规划实践中，如台州、东营等城市的 EI 构建[135]，同时以大运河区域为案例，将 EI 作为一种工具来研究解决城市生态环境问题[136]，俞孔坚等认为，中国必须"从区域和更大尺度来研究长远的决策"，以应对国内巨大城市化的发展趋势。此外，张帆等梳理了 EI 的基本概念[137]、理论与规划方法；秦趣等通过建立 EI 的评价指标体系，分析了我国 4 大直辖市的 EI 状况[138]；滕明君等分析了快速城市化地区 EI 的景观特征[139]。于德勇分析了城市 EI 及其构建原则[140]，至此这种以自然生态系统为框架的城市研究方法基本建立起来。

而与 EI 相似的"绿色基础设施"概念在 2009 年以后大量出现，GI 作为一种保护自然资源和引导城市空间可持续发展的工具或框架，在学术界展开了广泛的探讨。《中国园林》期刊在 2009 年第 9 期以"绿色基础设施"为主题整刊登载了相关研究成果，介绍了国内外 GI 的研究进展，部分学者对 GI 的概念的形成、基本理论体系、案例实践、研究进展进行系统介绍[104,132]，同时 GI 的在气候变化及城市扩张背景下的作用也得到分析[141]。总之，GI 在我国城市环境质量改善中的重要作用逐渐体现出来。

然而如何落实这一概念有别于发达国家，必须将其纳入到我国现有的规划体

④ 越来越多学者将"绿色基础设施"、"生态网络"、"生态安全格局"等生态学概念用于城市研究中。如 2014 年 9 月 1 日，作者通过"中国知网"（CNKI）分别检索题名中包含"绿色基础设施"、"生态网络"、"生态安全格局"的中文文献，在"区域规划、城乡规划"学科领域分别检索到 83、72、42 篇，其中 2010 年以来的文献分别占总量的 78%、71%、67%。

系及政策导向中进行研究。因此针对国内的规划现状，有学者通过城市案例研究，探讨 GI 理论指导下的我国城市绿地系统规划方法[142-143]；李博在详细阐述美国 GI 理论体系的基础上，对我国目前应对城市蔓延采取的政策和措施进行分析，区别 GI 系统与我国“自然保护区、风景名胜区”、“禁、限建区”、“城市四线”等区域设立的共性和差异[144]。继而贺炜，刘滨谊针对国内的规划背景提出了 GI 在规划实施中面临的尺度局限、编制主体单一、行政藩篱等诸多困境[145]。此外，快速城镇化下的深圳市还较早的成为绿色基础设施空间变化研究的试点，基于此，研究人员得出一种绿色基础设施规划方法，以指导深圳龙岗区可持续土地利用决策[146]。

总体而言，我国对于 GI 的研究和实践都处于初级阶段，但 GI 理念的某些思想已经逐渐反映到各级规划领域。为了应对城市蔓延，我国采取了最严格的基本农田保护政策，设立了禁止城市开发的自然保护区、风景名胜区和公园绿地系统，绿地、河流、文化遗产和重要基础设施被划为受法律保护的“城市四线”，优先划定城市禁限建区的思想正式列入新的城乡规划法，但是对于城市所依赖的土地生命系统的保护研究还相对薄弱[144]。因此，GI 理念对我国城市可持续发展及土地的永续利用具有重要意义，基于 GI 构建过程中的政府主导性，我国土地国有的制度特征决定，一旦 GI 的理念被政府与公众接受，它所产生的实践性影响将是最迅速也是最巨大的[104]。

1.2.4 采矿迹地与绿色基础设施关系研究进展

(1) 采矿迹地与 GI 的功能关系研究

采矿迹地与 GI 的关系仅从生态功能来看，可以概括为棕地与绿地的关系。采矿迹地是一类特殊的矿业棕地，美国于 2002 年 1 月布什政府签署的《小企业责任免除和棕地复兴法案》中，已经将采矿迹地纳入棕地范畴。英美等发达国家对于棕地更新的法律依据和实施程序较完善，自 20 世纪 80 年代逐渐出现研究热潮，棕地更新及绿地营造逐渐成为城市及区域可持续发展的关键政策之一，但一开始欧洲棕地更新研究更多倾向于改造为城市住区、商业等用地，相关政策忽略了棕地向城市生态空间的转变[147]，直到近十几年以来，棕转绿对于引导城市空间发展、控制城市蔓延的作用才被人们所重视，众多学者从不同角度对棕地转绿地进行研究[148]。

① 棕地转绿地规划过程及案例研究

Christopher A. De Sousa 通过对 10 块棕地“绿化”项目调查和相关访谈，阐述了污染废弃地转变为绿色空间的关键问题、实施过程及阻碍，梳理其特殊的规划过程[149]。有学者针对废弃铁路周边进行研究，并认为绿色空间建设的数量及类型主要取决于：与城市中心的距离，利益相关者介入，现有法律等[150]，同时国外优秀棕转绿案例也纷纷被介绍至国内[151]。

② 棕地转绿地的实施及困境研究

棕地向绿地转变的理念是先进的，但在转变的实施过程中往往存在诸多困难。由于存在土地收购、绿地维护、保险费用等不同的费用支出，而绿地本身并没有给地方经济带来更多的税收和工作机会。因此一些学者及科研机构针对项目面临巨大的资金短缺、利益分配不均、土地权属混乱等问题进行分析研究。

③ 棕地转绿地的可持续性评价工具研究

不是所有棕地转绿地的案例都是成功的，有时由于植物生长周期长度、边坡失稳、土壤侵蚀、草场退化、与社区距离过远等问题，导致绿地建设项目的失败。因此 KalliopePediaditi 等学者针对废弃地转变为绿地的可持续性评价工具进行研究，得出对棕地转绿地可持续性监测和评估工具的标准，并以此标准来评价28个相关评估工具，得出每类方法局限性及改良建议[153]。

④ 废弃地转绿地技术工具研究

从污染场地转变为绿地过程中，土壤检测被认为是一项昂贵而耗时的但非常必要的工作环节。人们必须事先了解场地土壤特性、污染机理、场地植被、污染路径和污染受体暴露和毒性情况及这些因素间的作用关系。因此，英国森林研究机构针对以绿地建设为目标的棕地进行修复更新，提出了棕地土壤检测的技术导则、实施步骤、案例分析。同时，众多学者及机构对污染土壤改良技术进行研究，T. R. Hutchings 研究了土壤改良的方式及具体修复技术[155]。

具体到采矿迹地，将其作为生态景观用地是欧美国家较为普遍的复垦模式。美国多数采矿迹地进行修复后作为森林、草地、湿地及公园等生态用地[46]。如在美国 Appalachian 采煤地区的造林计划。将采矿迹地纳入到湿地银行的补偿系统中，同样是一种生态的解决办法。早在20世纪90年代，就有学者以评估湿地银行的补偿用地为目标，建立模型来进行采矿迹地生态价值量化研究[156]，同时美国政府也出台文件，试图使得人们意识到采矿迹地作为湿地，也可以产生比破坏前更大的生态价值和社会价值。在我国，实践中将矿业废弃地转变为城乡生态用地的案例非常多，尤其在高潜水位的东部城市矿区，如淮北、徐州、枣庄等，大面积的塌陷水面经过修复治理，成为城乡生态空间结构中不可或缺的重要斑块。

（2）采矿迹地与 GI 的结构关系研究

从结构上看，GI 的本质是由斑块、廊道、踏脚石组成的生态空间网络，是基于景观生态学发展而来的概念，强调系统性和整体性。由于采矿地及其周边环境是一个完整的体系，采矿活动势必会影响到区域生态网络与各种生态过程的连续[157]。采矿迹地生态修复不仅仅是生态系统层面的修复问题，还必须考虑到退化对于景观结构的破坏和改变，对于景观异质性、稳定性、景观连接度等景观功能的影响，这种景观生态学与恢复生态学相结合的趋势，成为未来区域生态恢复研究的重要方向。因此，很多学者已经将 GI 的“结构性”、“整体性”、“系统性”运用到受损及退化生态区域的生态恢复研究中。

Dietrich 认为景观结构变化直接导致了野生生物栖息环境和迁徙路径的改变，是采矿迹地区域生态功能退化的最根本原因，他将斑块-廊道-基质的景观结构原理运用到后矿业景观的重构规划设计中[158]。国内也有学者以 GI 构建为目标对采矿迹地进行生态恢复的尝试。廖谌婳将景观格局构建的方法运用到我国较小尺度的平原高潜水位采煤塌陷区景观生态规划设计中[81]。刘海龙在北京石花洞风景名胜区总体规划中，采取生态安全格局理论方法，通过判别 GI 网络中关键部位的采矿地对整体生态格局和过程的影响，制定污染治理、水过程的恢复以及植被恢复等措施，从而促进旅游业发展[134]。

实践中，基于 GI 背景进行采矿迹地生态恢复的案例在各国都有出现。如鲁尔区的采矿迹地治理和更新是在 1923 年提出的“区域绿色开敞空间规划”的框架下进行，政府通过购买能够优化绿带结构的地块并将其恢复为开敞空间。又如在美国大西洋沿岸中部地区的“Going Green”项目中，试图利用 GI 作为恢复地区生态网络的工具，将 GI 作为保护和重构生态系统优先考虑的因素。在宾夕法尼亚州的烟煤产区的采矿迹地以及由于矿井酸性排水（Acid Mine Drainage, AMD）污染的流域，众多优质的森林斑块被采矿迹地割裂，鳟鱼迁徙水路被酸性矿井排水阻断，宾夕法尼亚州及相关国家机构，联合对这区域土地进行优先整治，“填充”和“联系”被破坏的 GI “空白”。英国国家森林项目（National Forest）是国家层面从区域 GI 角度对采矿迹地进行修复的又一案例。该项目始于 20 世纪 90 年代的英国中部，这一地区原有的森林覆盖率非常低（大约 6%），并且存在大量的矿业废弃地亟待修复和更新。在新的规划中，通过 20 多年时间，200 平方英里的国家森林公园体系逐渐成形，众多采矿迹地转变成为珍贵物种的栖息地。

1.2.5 评述及展望

综合以上成果，采矿迹地与 GI 相关研究具有如下特点：

① 总体来看，国内外采矿迹地生态恢复研究具有从微观层面的土壤及植被恢复，逐渐走向较大尺度下的景观格局和生态功能恢复研究的整体趋势，其中景观生态学与恢复生态学的结合为这种转变提供了理论基础；我国不同于国外矿区相对独立的地理区位，很多矿区位于城市边缘或外围，随着城镇化速度的加快，城乡区域背景下的采矿迹地生态恢复研究受到重视，不同学者从城市空间发展、

经济转型、社会矛盾缓解等视角分析了采矿迹地的生态恢复策略，但我国受到“矿城隔离”、“城乡隔离”等历史因素影响，在采矿迹地生态恢复研究中仍缺乏整体的研究视角，如针对采矿迹地生态恢复各类规划研究众多，但某一类规划本身的编制内容、技术手段、实施途径等研究并不能解决城乡背景下采矿迹地生态恢复遇到的诸多问题，因此有必要关注这些项目规划与我国城乡规划体系之间的作用关系，以及我国生态空间规划及政策的不足。

② 随着生态意识在各界的崛起，GI 作为一个传统生态保护理念下的新概念，成为国内外学者及城市规划工作者热衷的研究及实践课题。我国 GI 相关研究起步于 2000 年以后，多集中于对国外 GI 概念、案例、构建方法的研究，从社会、经济等交叉学科研究的 GI 的成果较少。GI 相关实践多集中于北京、广州、台州等发达城市，对于煤炭城市等特殊类型城市研究较少，事实上，煤炭城市生态空间受到了煤炭开采和城镇化的双重威胁，生境破碎化现象严重，GI 作为一种生态资源管理的手段，对城市空间健康发展具有重要意义，以生态恢复为目标的煤炭城市 GI 构建理论和方法研究应受到关注。

③ 从采矿迹地与 GI 的功能关系看，虽然棕地转绿地的研究广泛开展，但大部分研究对象局限于传统意义受到污染的废弃工业地块，对于采矿迹地这类广泛分布于城乡区域、破坏面积大、动态变化、地表破坏的特殊类型土地转变为城市绿地的研究还有待深入，如采矿迹地作为城市绿地的适宜性评价、转变为绿地后的生态、社会及经济效益综合评价等方面研究需要加强。从二者的结构关系看，以生态恢复为目标的 GI 网络构建广泛出现在国外实践中，很多采矿迹地生态恢复项目都会优先考虑地块对于完善 GI 网络结构（或栖息地网络）的作用。不同于国外，我国鉴于耕地紧缺的国情，采矿迹地生态恢复研究及实践以恢复至“可供利用状态”为核心，偏向耕地恢复目标，但近些年逐渐也出现大量将采矿迹地作为城市 GI 空间的优秀案例，但较少从区域或景观尺度设定生态恢复目标，未来应在确保我国粮食安全前提下，扩展采矿迹地生态恢复的内涵与目标，同时加强景观生态学与恢复生态学的学科交叉，增加区域景观格局引导下的采矿迹地生态恢复研究。

综上三点所述，笔者认为，GI 作为一个强调“系统性及整体性”的生态保护和恢复策略，对于我国采矿迹地生态恢复研究及实践具有重要意义。在城市 GI 背景下审视采矿迹地的生态恢复，有益于大尺度采矿迹地生态恢复功能及时序的整体控制，能够实现土地复垦由补充耕地向区域生态重建目标的拓展，同时也促进了煤炭城市 GI 网络的优化及完善。而 GI 作为一类政策及规划，其与采矿迹地专项规划、城乡空间规划之间的协同关系是实现 GI 重建与采矿迹地生态恢复的重要保障。本研究提出的“GI 引导下的采矿迹地生态恢复”是一种定量研究采矿迹地与城乡生态空间关系的新尝试。

1.3 研究内容与方法

1.3.1 研究内容

（1）GI引导下采矿迹地生态恢复的理论框架建立

通过分析东部平原地区采矿迹地对煤炭城市空间发展影响特征，提出传统采矿迹地生态恢复实践中存在“矿城隔离、孤立恢复、经济导向、规划缺失”等问题，论证GI引导下采矿迹地生态恢复理论研究与实践的必要性。阐述“GI引导下采矿迹地生态恢复”的基本内涵和原则，确定GI引导下采矿迹地生态恢复研究的对象、目标、尺度及基本内容框架。

（2）GI与采矿迹地的空间及功能关联性研究

选取徐州市都市区为研究范围，对该区域内采矿迹地的空间分布及使用现状进行总结，同时提出徐州市都市区生态空间存在问题和GI网络的现状特征。将采矿迹地与GI网络在空间上进行垂直叠加，确定二者在空间结构上的关联性，基于采矿迹地生态潜力的论述，从生态系统服务功能视角审视二者的功能关联性。

（3）GI引导下的采矿迹地生态恢复评价模型构建

通过ArcGIS平台，利用景观生态学方法，将采矿迹地置于一个城乡融合的景观界面，以优化城市GI网络为生态恢复目标，优先考虑采矿迹地的生态潜力及其作为GI的适宜程度，从内部生态重要性以及外部景观连通贡献度两个层次构建GI引导下采矿迹地恢复时序及区划评价模型，识别作为城市潜在GI的采矿迹地，科学确定采矿迹地生态恢复的四种模式：“保育型GI，游憩型GI，生产型GI，建设用地”，为城市土地复垦及生态空间优化提供科学依据。

（4）GI引导下的采矿迹地生态重建规划协调框架建立

通过对目前我国空间规划对采矿迹地生态恢复规划管控作用的分析，提出实现GI引导下采矿迹地生态恢复的规划困境及原因，试图从城乡空间规划体系结构入手，剖析采矿迹地生态恢复相关专项规划与城市法定规划、生态空间规划之间的关系，以实现GI引导下采矿迹地“高效、有序”的生态恢复，通过单一规划调适、不同规划间的协调，构建GI引导下采矿迹地生态恢复的规划协调框架以及实施保障体系。

1.3.2 研究方法

（1）文献研究与案例分析相结合

文献研究是认识研究问题与对象的基础。围绕“GI引导下的采矿迹地生态恢复”，决定了研究中必然涉及GI及采矿迹地两个方面的相关文献，通过对于两类文献的梳理、对比、融合，基本掌握GI与采矿迹地之间的内在联系。同时选择我国及德国典型的采矿迹地生态恢复为GI空间的优秀案例，进行包括项目背景、规划工具、组织机构、景观设计等多方面的深入了解，通过亲自感知加强对文献理论的佐证与补充。

（2）数据分析与空间模型相结合

充分利用GIS平台空间分析技术的空间数据处理能力、空间分析能力和直观可视化的分析结果输出能力，以及ENVI5.1、Coneforsensinode 2.6、Conefor Inputs10等多个软件综合，在Landsat8遥感影像空间数据和其他多源数据分析基础上，通过压力-状态-响应（PSR）评价模型以及景观连接度评价模型，完成采矿迹地生态恢复时序及区划评价研究。

（3）理论推导与部门访谈相结合

城乡规划是实践性非常强的学科，要分析现有空间规划体系对于采矿迹地生态恢复的作用机理，一方面在理解我国空间规划相关理论基础上，推演和归纳出空间规划在采矿迹地生态恢复中“缺位”或“越权”的困境，另一方面作者以调研不同职能部门在采矿迹地生态恢复过程中所发挥的作用为目标，对国土局、规划局、发改委、环保局、矿山企业等不同部门负责人进行访谈，了解采矿迹地规划的管理与实施情况，认清各部门内部及相互间的工作阻力。此外，作者在德交流期间，对德国鲁尔区和劳其茨矿区进行为期数周的调研，对鲁尔区域联盟（RVR）、鲁尔集团（RAG）、埃姆歇和利珀水处理技术公司、劳其茨地区国际建筑博览会（IBA）的相关专业人员进行访谈，比较两国不同的空间规划体系背景，从中提取出经验和教训，作为完善我国采矿迹地再利用规划框架、协调不同利益团体、改良作用机制的有益借鉴。

1.3.3 研究拟解决关键问题

（1）GI引导下采矿迹地生态恢复理论框架构建；

（2）GI引导下采矿迹地生态恢复区划评价指标体系构建及权重确定；

（3）我国空间规划对采矿迹地生态重建引导和管控作用及其相互作用机制。

1.4 技术路线

本书分为8章（图1-3）。第1章绪论，阐述研究背景及国内外研究动态。第2章城市GI在分析东部平原采矿迹地特征及生态恢复困境基础上，论证“GI引导”对于采矿迹地生态恢复的必要性。第3章城市GI引导下的采矿迹地生态恢复理论框架，论述“GI引导”的基本内涵，构建GI引导下采矿迹地生态恢复的

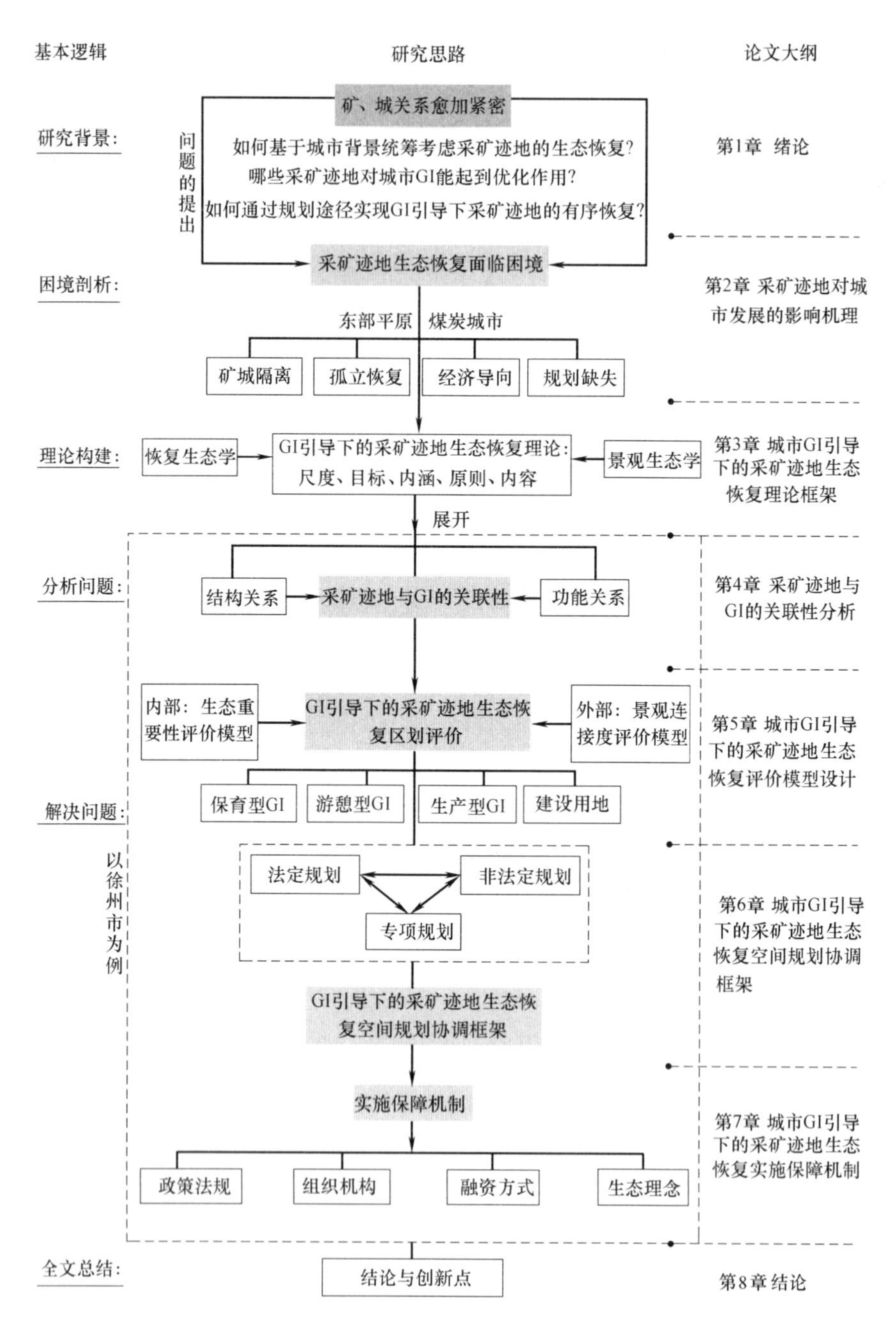

图 1-3　研究技术路线图

（图片来源：作者自绘）

目标、原则与基本内容。第 4 章徐州市采矿迹地和 GI 的关联性研究，在分析采矿迹地与 GI 现状基础上，从空间结构及生态系统服务功能两个角度阐述二者的关联性。第 5 章城市 GI 引导下的采矿迹地生态恢复时序及区划评价，基于生态重要性评价模型及景观连接度评价模型，以优化城市 GI 为目标，对徐州市采矿迹地进行生态恢复时序排列，同时确立不同的区划模式，为进一步土地恢复功能适宜性评价提供宏观框架，提出 4 种生态恢复区划模式和管制建议。第 6 章城市 GI 引导下的采矿迹地生态恢复规划协调框架，在分析我国空间规划对采矿迹地管控作用基础上，建立多种规划协调体系并提出相应建议。第 7 章城市 GI 引导下采矿迹地生态恢复实施工具，从法律政策、组织机构、融资机制、生态理念等方面提出 GI 引导下采矿迹地生态恢复的实现途径。第 8 章结论与建议，总结研究结果，提出进一步研究的建议。

第2章　采矿迹地对城市发展的影响机理

随着城市化进程加快，东部平原地区煤炭城市矿城关系愈加密切，采矿迹地的大量存在导致城市景观结构破碎，表现出城市生态功能急剧退化，生物多样性减少等严峻生态问题，采矿迹地生态恢复对于城市空间布局调整、经济转型及社会稳定具有重要意义。因此必须将其置于矿、城、乡统筹背景中进行生态恢复功能布设及时序安排，然而我国东部平原地区采矿迹地生态恢复面临"矿城隔离、孤立恢复、经济导向、规划缺失"等困境，使得采矿迹地生态恢复与城乡发展脱离，本章将对这些困境及其产生原因进行深入剖析，证明GI引导下的采矿迹地生态恢复对于煤炭城市的必要性及可行性。

2.1　东部平原煤炭城市采矿迹地的形成机理

煤炭是我国能源结构中的重要分支，全国煤炭资源生产基地集中分布于我国西北、西南、东部地区。本书的研究对象为东部平原淮河流域富煤区，徐州、永城、滕州、淮南、淮北、平顶山、枣庄、济宁都是区域内重要煤炭城市，该区域是黄河以南最大的煤田，其中2/3为平原，存在大量粮煤复合区域，采矿迹地的产生伴随着大量耕地的损毁，区域内地下水位较高，大面积的塌陷积水是该区域内采矿迹地显著的地貌特征，同时该区域属于人口密集区，城市化进程较快，因此煤炭开采、城市空间拓展与粮食生产不断挤压着城市生态空间，蚕食着有限的空间资源。

按照采矿迹地的形成机理将其分为四种类型（表2-1)：挖损地、塌陷地、压占地、工业广场。不同的煤炭开采方式形成不同类型采矿迹地，井工开采形成塌陷地，露天开采形成挖损地。包括东部平原地区在内的我国90%以上煤田都是井工开采，由于煤层离地表深而进行地下开掘巷道采掘煤炭，采矿迹地的形成原理如图2-1所示：原有的自然生态系统逐渐被工业广场、工人村等人工生态系统所替代，根据煤炭赋存条件，选择井口位置，开采巷道深入煤层范围，不断将煤炭资源运出地面，地下岩层内形成采空区，当采空区的周边岩层抗拉力达到一定的阈值，岩体将发生移动、破碎及坍塌，随着开采规模的不断加大，地下塌陷范围扩大，逐渐引发地表地貌的改变，土地的自然生态系统受到根本性破坏。这种塌陷行为具有复杂性和多变性，采矿迹地涉及范围往往受到采空区面积、开采深度、开采方式、地下潜水位高度、开采时长等因素影响。

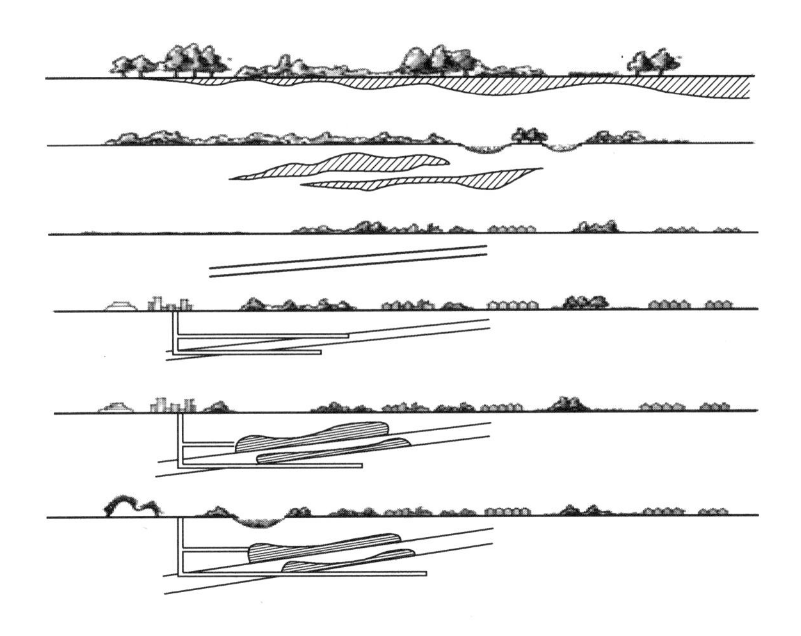

图 2-1　塌陷地形成机理

（来源：参考文献［124］绘制）

采矿迹地类型及特征　　　　**表 2-1**

（表格来源：根据文献［159］改绘）

类型	亚类	原地貌	主要矿种	污染	对生态空间的干扰特征
塌陷地	塌陷地（无积水、常年积水、季节性积水）	平原	煤	无	地形地貌的破坏，引发地表生境，地表及地下水系、土壤结构的破坏，形成大规模的生态退化区域，土地生产能力下降，生物多样性减少
	漏斗、陷落及裂缝地	平原或山区	煤	无	
挖损地	露矿挖损地	高原或丘陵	煤铁铝磷	无	
	窑场挖损地	平原或丘陵	非金属	无	
	采石场挖损地	山区或丘陵	非金属	无	
占压地	排土场	山区或平原	煤铁铝磷	轻	成为区域大气污染、土壤及水体污染的污染源（pollutant source）。煤矸石具有自燃、崩塌和滑坡等安全隐患
	粉煤灰堆场	山区或平原	煤	重	
	尾矿堆/矸石山	山区或平原	煤铁铝磷	重	
工业广场	地面生产、仓储、交通用地	—	所有	轻	储煤场及煤炭运输造成粉尘污染
	生活服务设施用地	—	所有	无	—

东部平原地区采矿迹地以塌陷、压占及工业广场为主：

1）采煤塌陷地：不同地域塌陷原理相同，但由于地质条件表现不同，平原地区的采煤塌陷主要表现为地表沉陷盆地，在盆地外边缘会产生裂缝及台阶，急倾斜的煤层开采方式则会导致塌陷坑出现，在地下潜水位较高的华东地区，塌陷往往伴随着大量季节性或常年地表积水（图 2-2）。以徐州市为例，从分布面积看，塌陷盆地多数，包括常年积水塌陷地、季节性积水塌陷地、非积水塌陷地等形式（表 2-2），塌陷深度最深可达 10m 以上。

图 2-2　东部平原地区采矿迹地类型

（从左至右依次为塌陷积水盆地、矸石山、废弃工业广场）

（图片来源：作者自摄）

采煤塌陷地分类、特点及其影响　　**表 2-2**

（表格来源：根据文献［160］改绘）

分类	特　点	影　响
非积水塌陷干旱地	一般不积水，地形起伏较大	耕作极其不便，容易造成严重的作物减产
塌陷沼泽地	土壤出现潜育化、沼泽化和次生盐渍化现象	往往造成农作物绝产，开发复垦难度大
季节性积水塌陷地	雨水较多季节积水形成水塘；少雨或无雨季节形成板结地	对农业生产极为不利，一般使农田减产达 40%～50%以上
常年浅积水塌陷地	地表下沉深度在 0.5～3m 左右，积水深度 0.5～2.5m	极易造成作物绝产，导致土地生产结构突变
常年深积水塌陷地	地表下沉至地下水位以下（3～15m），形成不规则的封闭水域面积	水质良好，水量充足，是发展渔业的理想场所

2）废弃物压占地：是在煤炭生产及加工工程产生的废料堆积场地，在平原地区煤炭城市主要表现为煤矸石山及燃煤电厂生产后残留的粉煤灰堆场，是煤矿区显著的景观标志。矸石山等是煤矿区主要的污染源，通过大气及雨水淋溶使得污染物向区域扩散，且容易发生自燃事故，危及人身安全（图 2-2）。

3）工业广场：是指用以连接井下开采作业、同时为井上煤炭加工服务的工业用地。包括储煤场、洗煤厂、装车线等生产设施用地，办公楼、职工宿舍等生活服务配套设施用地，运煤铁路等交通用地，材料供应等仓储用地。工业广场往往以保护煤柱的形式存在于塌陷地周边，闭矿后处于人去楼空的闲置状态（图 2-2）。

因此，本研究中的采矿迹地是一个涵盖不同土地利用类型、水陆相交的镶嵌体，表现为面积不等的塌陷地、工业广场、矸石山、粉煤灰压占地在城乡空间交错存在。虽然煤炭生产不直接产生有害物质，但地表塌陷导致区域内景观异质性增加、景观稳定性减弱、景观连通度降低等问题引发的生态功能降低，生物栖息地遭到破坏，生物迁徙受阻，植被急剧呈现向下演替过程。采矿迹地在自然及人文景观变迁下，具有以下特征：

① 自然及农耕景观变迁：人地矛盾突出

土地塌陷迫使传统的农耕景观改变，原有的耕地、村庄、基础设施随着塌陷程度的加剧继而废弃。土地生产能力的减弱或完全丧失，村庄中的建筑由于地表变形而产生不均匀沉降，墙体出现裂缝，交通、电力等基础设施的受损，其所依托的生产及生活设施几乎都被破坏（图 2-3），人们不得不面临村庄搬迁的境遇，企业对于农民的补偿不足以支撑起其基本生活保障，最终导致村民失去其生活来源。截至 2012 年底，徐州市采煤塌陷区涉及行政村 183 个，受影响农业总人口 44.02 万人，其中失地农民 24.16 万人，塌陷地面积超过万亩的镇有 12 个，很多村庄已经到了无地可耕的境地。长期采煤活动导致不断有新的塌陷地产生，估算每年可达到 300hm^{2}以上，预计到 2020 年，徐州市因采煤造成的塌陷地可达到 3×10^4 hm^{2}以上。图 2-4 中所示为徐州市庞庄煤矿采矿迹地范围内的村庄分布情况，17 个村庄位于塌陷地内，村民被迫搬迁，人口大量向外流失，滞留于此的村民生活来源微薄，生活品质较差。

图 2-3　被塌陷水体包围的村庄及基础设施

（图片来源：作者自摄）

② 水体及湿地景观主导：机遇与挑战并存

塌陷直接破坏地表形态，导致土壤结构变异，植被生存环境恶化，同时还严重影响该地区内潜水位的赋存条件，东部平原的高潜水位特征导致低水位接近或超出地表，形成湿地、沼泽、湖泊，水体景观成为平原地区采矿迹地较为典型的景观类型。对于一些水资源分布并不丰富的煤炭城市，这些散落在城市内及周边

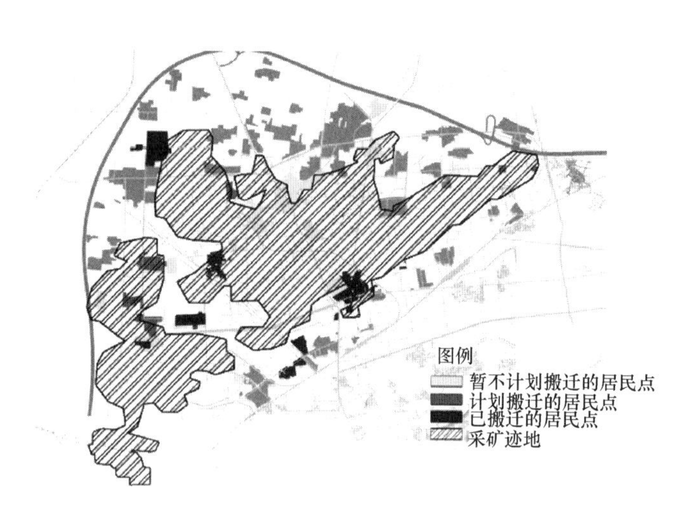

图 2-4 塌陷范围内的村庄分布图

（图片来源：《徐州市采煤塌陷地生态恢复规划（2008）》）

的大面积连续水体或湿地，是城市宝贵的潜在生态资源。这些采矿迹地由于长期未受人为干扰，形成了具有较高生态价值的生态核心区域，为地区物种提供新的生存空间，经过水质处理及湖岸修整的水体景观，已经成为东部平原地区煤炭城市重要的生态空间类型之一，成为城市打造生态城市的品牌和标志。如徐州市的潘安湖及九里湖建成后获得了较好的生态及社会效益、淮北市正在规划实施中的南湖、中湖、东湖构成了“皖北江南”的独特水景，由南至北的水带贯穿城市。因此，如果能够将这些采矿迹地潜在的生态价值充分发挥，将能够变“负担”为“资源”，完善城市的生态空间结构，促进城市可持续发展。

然而很多水体还存在诸多环境问题：塌陷区域内河流水系结构遭到破坏，灌溉及排水等水利设施受损，汛期受涝相当严重，河段长期缺乏疏浚，淤积严重，一些河道内挺水、浮水植物大片生长，造成河水受阻，部分河道被用作垃圾倾倒场，进一步加重水质污染（图 2-5）。此外，矸石山淋溶和酸性矿井排水的释放是煤矿环境恶劣的另一源头，同样以庞庄矿塌陷区为例，已有学者对于该片区内水体污染情况进行研究，通过在区域内主要的河流及塌陷积水断面选取样点定期观测发现，Cu、Cd、Pb、Cr、Hg 等 5 种重金属元素超标严重[161]（表 2-3），水体潜在的污染及生态风险巨大。

③ 产业景观的更迭：社会经济问题的根源

采矿迹地的产生往往伴随着矿山关闭带来的产业结构变革，随着煤炭资源的逐步枯竭，煤炭产业的发展进入衰退期，这一区域内的经济发展速度也随之减缓。以传统农业、煤炭及电力产业为主的产业结构破碎化，社会经济问题凸显。

图 2-5　采矿迹地水系及水环境现状

（图片来源：作者自摄）

徐州市庞庄矿区采样点（水体、表层土）重金属潜在生态风险评价结果

表 2-3

（表格来源：根据参考文献［161］绘制）

采样点	单一重金属潜在生态危害系数 E_r							R1	风险性
	Cu	Cd	Pb	Zn	Cr	Hg	As		
1	29.6	482.8	18.55	2.95	4.46	504	3.9	1046.26	极重
2	22.5	662	20.05	0.69	3.18	580	0.1	1268.52	极重
3	22.85	1062	26.2	0.89	2.6	473	1.8	1589.54	极重
4	26.15	910.4	22.8	0.47	6.48	196	4.3	1166.6	极重
5	19.2	213.8	12.8	0.43	4.38	336	3.6	590.21	重
6	26.2	903.4	23.95	1.11	3.38	196	5.9	1159.94	极重
7	21.15	738	21.2	0.53	2.56	95.2	3	881.64	极重
8	35.75	1400	14.75	1.58	3.34	207	3.9	1666.52	极重
9	37.2	1255	23.2	0.74	2.72	274	1.7	1595.16	极重
10	47.06	917.2	27.55	0.51	6.04	650	3.2	1662.35	极重
采样平均值	28.76	854.5	21.11	0.99	3.91	350.1	3.14	1262.67	极重

而为了解决生计问题，村民在尚未治理的塌陷积水水塘进行渔业养殖，水体污染造成渔业质量堪忧。同时采矿迹地内的村庄、集镇聚集了一批小型工业，尤其在离城市较近的城乡边缘地带更为明显。以庞庄矿塌陷区为例，截至 2012 年，对区域范围内所有非煤企业数量进行分类统计，机械制造和金属加工类企业共 47 家，造纸业和废纸再生厂 22 家，建材工厂 14 家，农药化肥厂、化工厂 17 家，养殖场 6 家，木材厂 1 家，各行业分布比例见图。大部分工厂为设备简易、规模较小的家庭式作坊（图 2-6、图 2-7）。这些小型工业对环境的破坏非常严重，很多工厂在环保单位监控之外违规排放废气与废水，对区域内空间质量及水质标准造成极大影响。长此以往，这种粗放的养殖方式和土地利用方式进一步加剧了生态环境的恶化。

④ 文化及历史景观的折射：特色景观的遗存

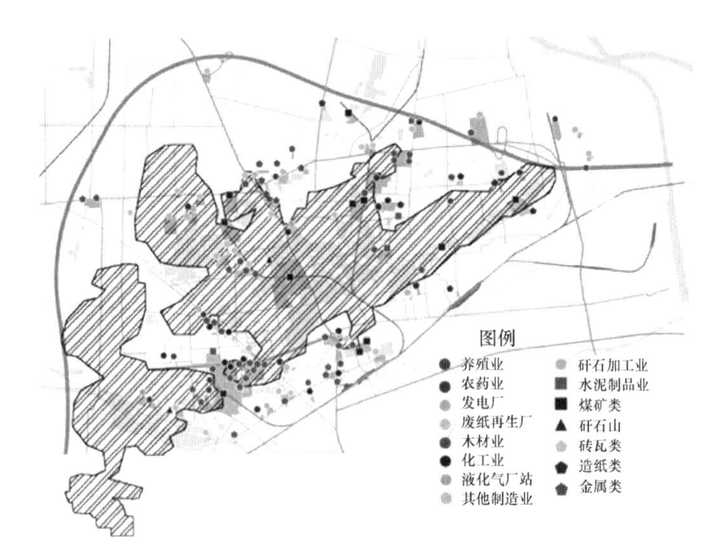

图 2-6　塌陷落围内的工业与污染分布

（图片来源：《徐州市采煤塌陷地生态恢复规划（2008）》）

图 2-7　塌陷区内小作坊式工业

（图片来源：作者自摄）

长期的煤炭生产在采矿迹地上烙下浓厚的工业印记，标志性井架及典型工业建筑、矸石山、运煤铁路、工人住宅等都是这一区域的浓厚的矿业人文景观。这些矿业遗产是煤炭城市发展的见证，而这些遗产伴随着煤矿区的没落，往往被认为是毫无价值、应该予以拆除的，从普通民众到政府都对采矿迹地上的遗产类资源价值认识不足，导致一些极具文化价值的矿业遗产构筑物在一夜之间被拆除，工业广场被夷为平地。如徐州煤炭开采起源地贾汪城区夏桥井煤矿，在见证了百年采矿历史的同时，还见证了包括日军侵略我国及抗日战争的历史，其中的日建办公楼、碉堡、工业生产流线是非常宝贵的城市文化资源，但于 2012 年其主要工业建筑构筑物已经完全被拆除，仅留有日建办公楼及数个碉堡。

除了以上提到的采矿迹地的景观特征，其土地本身在权属归置方面具有非常大的复杂性，地方政府、失地农民以及矿山企业具有不同的利益诉求，其相互之间形成了相互制约、利益交织的特殊局面。具体来讲，采矿迹地的权属状况可以分为两类：（1）征用农地、工业广场等在内的采矿用地，是国家通过征用集体用地获取的国有土地，通过行政划拨、有偿出让、授权经营、作价出资等形式由企业获取土地使用权。由于我国对采矿企业土地权属管理法规尚不细致，没有明确采矿用地权退出的不同情况及对应方法。（2）未征用的塌陷农用地、村镇建设用地及未利用地，大多为未稳沉塌陷地，土地所有权和使用权仍属于村镇集体所有。这些区域在土地损毁后容易涉及拆迁补偿过程，触及个人或村集体利益，村民与组、村之间对权属非常敏感，同时在开展部分土地复垦整理工程后，治理后土地权属的调整也影响到部分村民的利益，因此村民具有抵触情绪。总之，采矿迹地土地权属的混乱给土地生态恢复工作带来困难。

2.2　采矿迹地对城市发展的影响

2.2.1　空间视角：采矿迹地影响城市空间拓展

采矿迹地是煤炭城市社会经济发展到一定阶段的必然产物，采矿迹地与城市空间的关系是一个动态变化过程，随着煤炭生产的不断推进以及我国东部平原城镇化进程的加快，城市建设大规模扩展，采矿迹地与城市建成区愈来愈近，而矛盾也愈加突出，采矿迹地成为影响城市空间布局及发展方向的重要因素。如，根据中国城市建设统计年鉴，从 2003 到 2014 年，徐州城市建成区范围从 84.07km^{2}扩展到 309km^2，平均每年增长 18.75km^2，从图 2-8 中可以看出，随着年份的增长，采矿迹地面积不断增大，中心城区也不断扩张，越来越多采矿迹地进入城市边缘地带，有的甚至已经纳入到城市中心城区规划范围。同样的情况在淮北市、枣庄等平原地区煤炭城市也非常明显（图 2-8），煤炭资源开采影响范围与城市空间紧密交织在一起。

采矿迹地某种程度制约了城市空间发展，在平原型煤炭城市表现尤为明显。由于采矿迹地以大面积动态塌陷为特征，土地破坏持续时间长，在其稳沉之前基本处于低效利用或荒废状态，因此短期内很难作为城市建设用地。面对采矿迹地的空间限制，一般有“反向式发展”和“蛙跳式发展”两种城市发展模式。徐州北部存在大量塌陷区，因此城市向东向南方向发展，属于“反向式发展”（图 2-9）；枣庄、永城属于“蛙跳式发展”，跨越城区东侧的采矿迹地建设新城区，规划将采矿迹地生态恢复后作为生态用地连接新、老城区（图 2-10）。

2.2.2　生态视角：采矿迹地影响城市生态建设

采矿迹地的生态问题，不仅仅局限于土地本身，也不是小范围的破坏，大面积连续的采矿迹地环境结构复杂，割裂了城市原有的生态格局，阻断了生物的迁

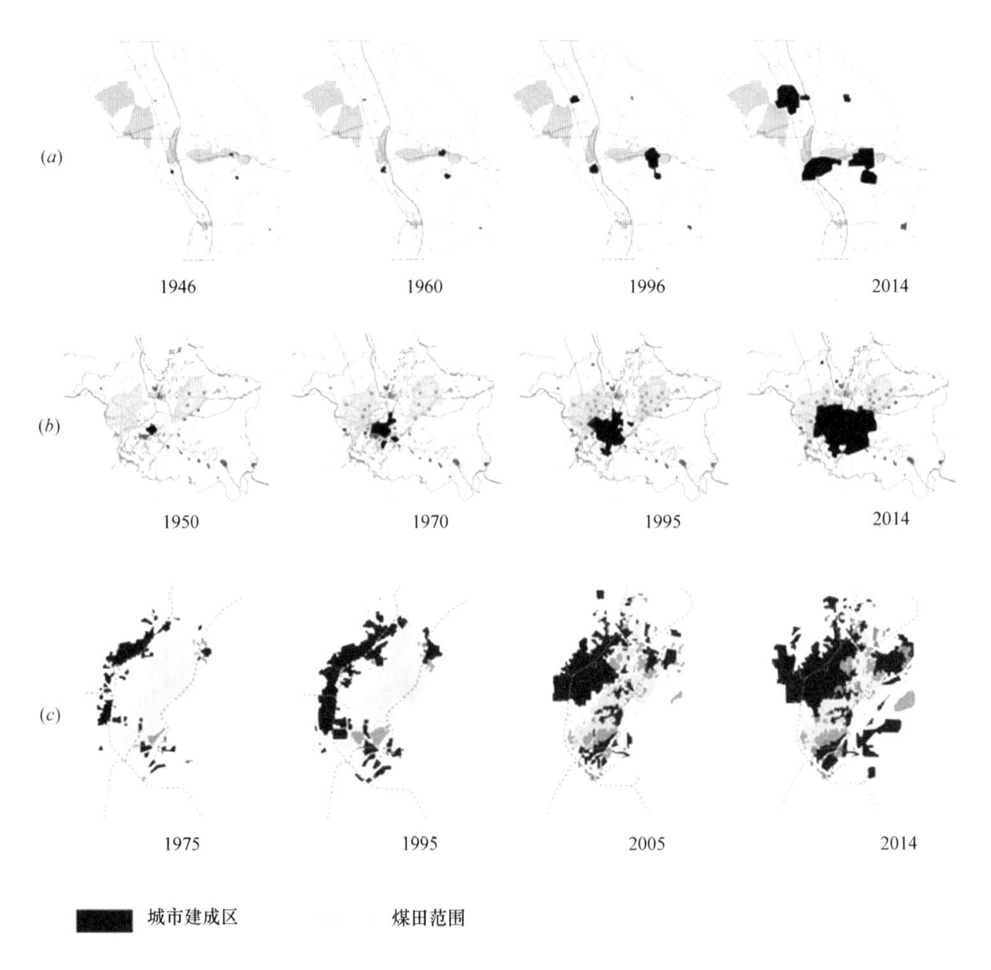

图 2-8　城市建成区与煤田范围关系演变图

（*a*）徐州市；（*b*）枣庄市；（*c*）淮北市

（图片来源：作者自绘）

徙通道，污染且拥堵了城市河湖水系，同时煤矿粉尘的污染是区域性的，重金属污染随着矸石山淋溶和酸性矿井排水向区域扩散，带来的是城市生态环境质量的整体降低、生态系统服务功能的系统减弱。如根据罗萍嘉等[161]对徐州庞庄煤矿周边及外围选取的30个土壤及水样采点分析结果可知，Cu、Cd、Pb、Zn、Cr、Hg、As的平均含量分别是徐州市土壤背景值的几倍或几十倍，其中Cd的富集程度最大。该片区是徐州市城市以北重要的生态屏障及门户，煤炭开采使得这里一直冠以“污染严重、脏乱差”的形象，严重破坏了城市生态空间结构的完整性，因此，必须打破就地块论地块的生态恢复模式，将其纳入城市生态建设的总体目标中，区域性地、系统地、动态地对采矿迹地进行生态恢复。采矿迹地的生态恢复是塑造及提升城市形象、建立城市名片的潜在资源，是将城市从“煤炭城市”转变为“山水园林城市”的关键途径。

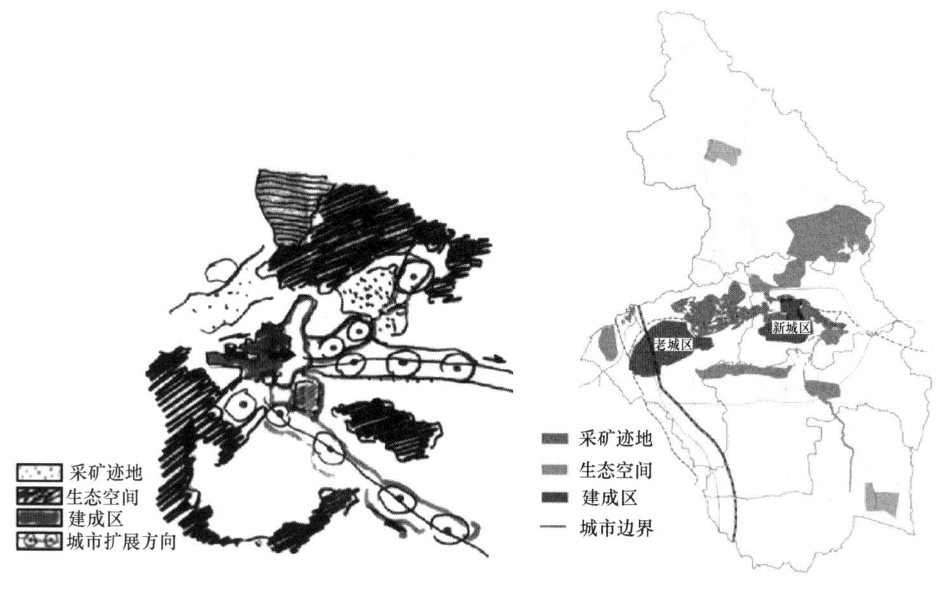

图 2-9　徐州市城市空间发展模式：反向式
（图片来源：吴良镛）

图 2-10　枣庄市城市空间发展模式：蛙跳式
（图片来源：作者自绘）

2.2.3　经济视角：采矿迹地影响城市经济转型

在资源枯竭型煤炭城市，采矿迹地的生态恢复往往伴随着企业的衰退及转型，城市要从煤炭采掘业为主的第二产业，转变为不再依赖煤炭资源的新型产业结构，变“黑色经济”为“绿色经济”，重新规划采矿迹地及周边土地，逐渐将采矿迹地生态恢复与城市产业转型结合起来。但是采矿迹地地表变形、污染物沉积、生态系统失衡等负外部性导致了区域内资本向城市环境较好的区域转移，增加了招商引资和引进人才的难度[70]。反之，采矿迹地生态恢复改善生态现状的同时，为地区经济发展提供了基础，增加地区吸引力，尤其是将其作为城市公园等生态用地，直接增加了舒适性环境的正外部性，间接带动了周边地产价值的攀升，餐饮、零售、居住、旅游等功能的植入，使得第三产业得以发展。如，2012 年开园的徐州市潘安湖塌陷湿地公园规划总面积 52.89km^2，2014 年被评为国家 4A 级旅游景区，区内共栽植大树乔木 16 万棵，灌木及地被 100 万 m^2，水生植物 98 万 m^2，大小 19 个湿地岛屿。目前已完成一期建设，是徐州市一日游的重要景点，促进了城市旅游产业发展的同时增加了周边村民的收入来源，基本实现了预期的经济和社会效益。

2.2.4 社会视角：采矿迹地影响城乡统筹建设

大部分采矿迹地处于城市外围空间或城乡接合部地区，随着矿、城、乡关系愈加紧密，作为三个相互独立又相互制约的空间主体，城镇建设、乡村生态资源保护以及矿业资源开采对于有限的空间资源的争夺，造成不同利益相关者之间的冲突显著。在采矿迹地产生及生态恢复过程中，失地农民、采煤企业和地方政府在相互博弈中都在争取自身利益的最大化，其中，矿企与农民之间的矛盾尤为激烈[162]。失地农民是最为弱势的群体，青苗补偿费、搬迁和异地安置补偿费难以支持农民的基本生活，采矿迹地内及周边的年轻人大部分外出打工，老幼留守村庄。同时企业闭矿后遗留的职工也面临着类似的境遇，原有企业组织结构解体，集体大院式的生活方式和交往方式改变，工人村等居住条件落后。总之，采矿迹地伴随着一系列的社会问题而来，对其生态恢复必须妥善考虑弱势群体的利益，因此对采矿迹地进行生态恢复是推进城乡统筹、解决农民民生问题的重要途径。

由上可知，从矿、城、乡统筹的区域背景来看，当采煤业不再是城市的主导及支柱产业时，采矿迹地的负面影响已经严重阻碍了城市生态、经济及社会层面的可持续发展，如何将这种负面影响变为积极的推动作用，必须从城市发展的宏观角度来审视采矿迹地的生态恢复，理顺采矿迹地与城市空间的关系，同时将其纳入城乡一体的空间规划体系中。

2.3 采矿迹地生态恢复面临的困境及原因分析

2.3.1 矿城隔离：采矿迹地生态恢复忽视城市发展目标

采矿迹地虽然处于城乡空间背景，但由于种种原因在生态恢复过程中难以统筹考虑城市发展及生态重建目标，归纳原因如下：

首先，从矿城关系来看，矿区与城市虽然在空间上相毗邻，但由于历史与体制原因在管理与行政体制上却呈现条块分割、各自为政的状态，形成矿、城之间无形的边界，相互之间的人、财、物、信息无法畅通交流，二者互相封闭，形成独特的二元结构[163]。采矿迹地在这样的相对独立的矿城隔离系统中，其生态恢复过程中往往较难综合考虑城市整体发展及生态重建的目标。

从煤炭企业自身角度来看，即使在“谁破坏，谁复垦；谁复垦，谁受益”的法规约束下，企业仍然遵循利益最大化原则，不愿意在采矿迹地生态恢复上进行过多投资，很多情况下不愿自行组织复垦工作，而将复垦资金给予村镇集体，让村民开展进行土地复垦工作，这样很难保证采矿迹地生态恢复的效果。同时企业也希望在废弃土地流转过程中获益，尽可能地寻求个体利益，将闭矿后区位较好的废弃工业广场等建设用地作为盘活企业经济的“存量土地”，希望通过该类采矿迹地转换为房地产、商业等用途获得企业转型的机遇，因此即使低效利用也不愿将采矿用地退出。而政府及规划部门在城市发展的目标下，对其设定的用地功能难以实施，企业对城市规划置若罔闻，却积极从一己利益出发委托有关单位做各类规划。总之，在矿城隔离的封闭系统中，采矿迹地生态恢复的目标更多体现了小团体的局部利益，而非站在城市及区域高度的整体利益之上。

其次，从政府角色来看，由于我国长期城乡二元结构的存在，城市建设及规划调控管理过度关注建成区，而忽略城市边缘及其周边的广大腹地，对非建设用地缺乏系统的评价和控制措施、缺乏科学的规划指导和有效管理[164-165]。因此大量位于非建设用地上的采矿迹地较少能纳入城市发展及规划的目标中，相反，采矿迹地作为城市发展的一种“负面限制因素”出现在城市发展决策中，作为不适宜建设的土地排除在规划之外。政府更多关注的是能够为政府提供土地财政收入的建设用地，而对于生态恢复工作重视不够。如徐州市的《徐州市城市总体规划》（2007～2020 年，2014 年修订）中，并没有针对塌陷地等采矿迹地的专项规划，在城市发展目标及策略中也未提及采矿迹地生态恢复。

最后，从复垦政策来看，保护 18 亿亩的耕地红线是我国基本国策，《土地复垦条例》第一章第四条指出：“复垦的土地应当优先用于农业”。恢复耕地已经成为采矿迹地生态恢复的重要目标，但该目标往往重视数量上的平衡，缺乏从城市发展及用地优化等方面对塌陷地生态恢复在空间上的合理安排。如，在《徐州市土地利用总体规划》中第二十一条明确指出了复垦塌陷地补充耕地的数量：“规划期内，复垦采煤塌陷地及其他废弃工矿用地 6403.3hm^2，补充耕地 1921.0hm^2”。这种数字指标下强调复垦耕地的政策目标，在保证我国粮食安全底线方面做出了较大贡献，但有时这种政策也体现了其局限性和负外部性，如政府通过复垦远离城市的采矿迹地（主要指废弃工矿建设用地）为耕地，来等量置换城市建设用地占用耕地指标，因此采矿迹地复耕为城市建设无序占用周边农田提供了“便捷合法通道”，在某种程度上与城市空间健康发展的目标相违背，这种地方政府通过采矿迹地复垦“造地”的做法已成为媒体争议的焦点。

2.3.2　孤立恢复：采矿迹地生态恢复区域整体观念薄弱

我国采矿迹地生态恢复实践主要以项目主导，复垦目标单一，注重技术层面。我国尚未建立专门的土地复垦与生态恢复管理机构，国土资源管理部门是负责申报、开展、监督、验收土地复垦项目的主要职能部门。一方面对于责任清晰的采矿迹地，采取“企业出资、村民修复、国土机构监督”的方式，将待复垦土地列入每年的复垦计划，遵循土地利用总体规划，依据具体土地复垦方案展开生态恢复。另一方面，对于历史遗留型的采矿迹地，主要通过国家资助立项项目来实现生态恢复，2000 年国土资源部启动国家投资土地开发整理项目⑤以来，国家针对山东、河南、安徽等煤矿区采煤塌陷地“历史欠账”较多的地区，在投资上有一定的政策倾斜。大部分的历史遗留型采矿迹地都是通过该类项目（重点项目、示范项目、补助项目等）获得资金，由国土资源部门或其授权的所属机构具体组织实施生态恢复。而从以上两种生态恢复的实施路径和恢复效果来看，区域整体观念缺失导致的采矿迹地“孤立恢复”体现在两个方面：

其一，生态恢复尺度较小、缺乏区域生态背景。当前我国生态恢复实现主要集中在生态系统层次，针对局部生态退化开展恢复实践，而局部尺度恢复治理方案难以整体提升区域生态功能，尽管相关区域尺度的生态恢复研究非常丰富，但在实践工程中更多倾向于某一具体生态问题的解决，关注尺度也局限于项目本身地块，未能从较大城市及区域背景考虑如何通过局部治理达到整体生态恢复效果最大化，已有学者针对局部目标下的生态恢复导致生态恢复效率低下的问题展开研究[166]。

采矿迹地生态恢复实践也存在同样的问题，其恢复多集中于单个生态系统、局部复合生态系统、村域生态系统、小流域等，尚未扩大到城市或区域尺度。国土及相关部门在对于采矿迹地生态恢复时，主要以复耕及相应复耕数量为引导，缺乏整体生态功能恢复的目标，较少从城市尺度下对其进行科学的生态恢复评价与区划，且由于生态恢复成本高、资金缺口大，一般政府仅选取较为典型的恢复区域重点投资推进，造成采矿迹地的生态恢复虽然不乏优秀的示范基地及培育亮点，但“以点推进”的项目导向恢复模式难以有效提升城市及区域整体生态效益。同样，各个项目所依据的土地复垦方案也以偏重局部土地质量恢复为目标，强调“复垦质量制定不宜低于原（或周边）土地利用类型的土壤质量与生产力水平”，对土地本身的生态调查及评价涉及较少，对土地外围的区域生态环境基本未做出要求。因此采矿迹地生态恢复既缺乏城市或区域尺度生态规划的整体指导，亦缺乏小尺度场地生态调研及修复设计，导致生态综合治理效果甚微。此外，复垦项目的选择依据“先易后难、稳沉优先”的基本原则，未能从区域尺度确定采矿迹地生态恢复的关键地段，有限资金下城市整体生态恢复效率不高。

其二，采矿迹地生态恢复是一类综合治理活动，涉及土地平整、土壤及植被恢复、水系整理等不同方面，仅仅依靠单一类型项目来实现综合的生态恢复是不现实的，否则只能是就事论事，此问题解决而彼问题又出现，难以达到协调，不能实现生态功能恢复的目标。采矿造成的地下水位变化、土壤结构变化、栖息地数量变化等各因素应该统筹考虑，且需要充分考虑塌陷变化等动态特征，如将采

⑤ 土地开发整理包括土地开发、土地复垦和土地整理等。

矿迹地恢复为鱼塘，必须考虑地块积水现状及规律、枯水期最高水位、土壤保水特征，来综合决定是否能够适宜渔业养殖[7]。以徐州市九里湖塌陷水体公园为例，其中九里东、西湖公园的建设改善了塌陷水质，并对湖岸进行设计和植被恢复，并辅以人工服务设施，局部景观得到一定改善，但从遥感影像图上可以看到，在东湖北侧一路之隔便是巨大的粉煤灰堆场水面，水体呈现黄绿色，污染极其严重，两者形成鲜明对比（图 2-11），整个九里区域的水系堵塞、水质堪忧，仅仅治理这一节点是远远不能恢复其区域生态功能的，而简单的湖体处理尚未考虑到多变的区域水文条件，导致景观湖体中央的建筑亭台在二次塌陷中被水体淹没。

图 2-11　徐州九里湖湿地公园及周边现状

（图片来源：作者自摄）

其三，生态恢复部门相互孤立，缺乏综合协作体制。在我国的行政部门“条块”分割的基本构架下，各部门术业有专攻，形成专业化优势，但也会出现部门之间联系疏离的严重问题。虽然国土部门对于全域土地利用包括采矿迹地生态恢复具有近似“垄断”的职能权限，但采矿迹地内水系修复、植被恢复和管理等涉及其他不同的平行管理部门：比如塌陷区水系梳理及水利设施的改善是水利局的职责；农业渔业用途的塌陷地又归属农业委员会管理；塌陷湿地公园的建设、植被选择及栽种是市政园林局的工作范围。这些部门分别依托编制相应的部门专项规划或项目计划来进行规划实施或管理[167]，之间往往缺乏协调，信息交流不畅、统计数据口径不一、规划管控区域重叠或空白，涉及工程之间缺乏协作，导致资金投入效率低、资源浪费。

2.3.3　经济导向：采矿迹地生态恢复目标及内涵的局限

在我国，采矿迹地的生态恢复更多采用“土地复垦”一词，我国《土地复垦条例》（2011）第一章第二条，指出“复垦是对生产建设活动损毁的土地，采取整治措施，使其达到可供利用状态的活动”，并以耕地为重点。因此，在很长一段时间内生态恢复一直被认为是土地问题，而非生态环境问题，且主要依赖数量或者用近期经济效益衡量，对整体的、长远的生态、社会及经济综合效益不够重视。国外采矿迹地生态恢复强调恢复过程不是植树种草，也不是平整土地，生态恢复的终极目标是重建一个完整的生态功能系统，重点关注生态演替过程，实现生物多样性、永久性、自我持续性和植物演替的生态目标，与国外相比，我国采矿迹地土地复垦和生态修复的“生态内涵”缺失，这种以经济利益或表面的生态问题为导向，忽略生态功能恢复可以从以下方面理解：

从目前煤矿城市的土地利用总体规划以及部分城市相继编制完成的土地复垦专项规划来看，这两个规划都是用数字指标来引导采矿迹地生态恢复的，缺乏城市尺度的生态恢复区划和调控，而且在土地复垦的目标任务与要求、复垦重点区域、复垦工作流程等各个部分，都围绕如何能够高效“再利用”采矿迹地展开，尤其重视其作为耕地的土地复垦潜力评价，对其自身的生态退化机理、植被现状等生态因素参考较少，更是未能考虑区域层面生态结构及功能要素对生态恢复的影响。

其次，在我国采矿迹地生态恢复中还存在理念上的误区，认为“绿色”即是生态，生态恢复并不等于植被修复，植被修复也不等于造林种草。笔者对两淮地区的塌陷湿地公园进行调研后，发现多数公园建设模式雷同，大面积草坪、硬质铺地广场、大量稀有观赏性植被和人工景观充斥景区（图 2-12），以经济效益为目标的商业及娱乐设施项目互相征地，使得采矿迹地恢复为生态用地的面积严重缩水[168]，这种注重形象、视觉效果，忽略景观层次的区域生态结构及功能的生态恢复模式，难以保证生态效益的真正发挥。

图 2-12　徐州九里湖及潘安湖湿地公园

（图片来源：作者自摄）

此外，我国当前经济导向的制度背景导致我国在土地利用及生态保护方面，蒙上一层“经济优先”的色彩，众多城市规划都被认为要以“效率”优先，以发展为要务，以各类建设快速进行为目标，“经济导向”城市发展模式使得城市边缘土地很容易随着城市扩张而被蚕食，离主城区越近，区位越好的土地，越容易作为建设用地被开发。采矿迹地也遵循同样的规律，偏远地区采矿迹地属于“弱规划控制和弱市场需求”区域，难以盘活，长期闲置或低效利用，而位于城乡边缘带的采矿迹地又存在“弱规划控制和强市场需求”的境况，规划管理失控，土地利用混乱。

如：《徐州土地利用总体规划》（2006～2020 年）中也提出："市区采煤塌陷地及废弃工矿用地优先安排用于建设再利用，……铜山、沛县、贾汪的采煤塌陷地及废弃工矿用地优先复垦为耕地、园地、林地等农用地"，强调了采煤塌陷地"近城则城，远城则耕"的土地利用原则，缺乏应有的生态调查与生态评价，未考虑城市或区域整体的景观结构和功能的最优化。如位于徐州西城边的卧牛矿塌陷区在其稳沉复垦后短期内出现厂房林立的混乱状态。尤其是位于好地段的、企业拥有土地使用权的工业用地，是闭矿后政府和企业利益博弈的载体，不管这块地自身生态潜力及适宜性如何，以及其在城市或区域生态空间结构中是否占据关键位置，一般经过挖深垫浅、场地平整后仍以建设用地为主。

2.3.4　无规可依：采矿迹地生态恢复缺失空间规划引导

采矿迹地生态恢复是一个长期而综合的生态治理工作，特别需要分阶段、分区划的规划引导与管控，在实践中我国采矿迹地治理项目的规划依据不够、缺乏科学的上位规划指导，这些导致最终恢复效果难以保证。具体而言，采矿迹地生态恢复项目开展依据的规划包括土地复垦方案及土地复垦专项规划等，但这些规划前期缺乏充分的科学论证，可行性研究工作不够，其中土地复垦专项规划往往以"数字指标"为指向，不能称之为空间规划，更多体现的是一个复垦"计划"，如《徐州市工矿废弃地复垦调整利用专项规划》（2012～2015 年）中提出 2012～2015 年规划期间土地复垦目标为："以工矿废弃地综合整治、调整利用为平台，徐州市复垦工矿废弃地 2367.59hm^2，可新增耕地量 2115.31hm^2，复垦调整利用挂钩指标为 2115.31hm^2"，这类规划难以在空间上指导采矿迹地的生态恢复，在具体恢复过程中，容易受到多方利益相关者的决策影响，仅仅在数字上满足了规划要求，而容易忽视对于生态系统结构及功能恢复的目标，出现违背生态规律而导致植被成活率低、生态效益不明显等失败案例，制约区域生态功能的提升。

就采矿迹地的外部空间规划体系来说，我国空间规划体系相当复杂，构成我国空间规划体系的土规、城规、经规三大规划制度，以"划分不同性质地区施行不同政策"的方式为手段，各有不同的制度框架和内涵特征（表 2-4），对于同一空间尚不能形成顺畅而协调的管理职能[170]，在这种政出多门的规划空间争夺中，采矿迹地处于一种"多规覆盖，却无规可依"的状态。因为大部分采矿迹地仍然位于城市边缘区以及偏远地区的非集中建设区域，各个规划对其空间管制效力极为薄弱。具体分析如下：

① 国民经济与社会发展规划：偏向政策及产业引导，过于宏观，不能直接落于空间；

② 城乡规划：虽然《城乡规划法》的颁布促进了规划对广大乡村地区的考虑，但从现实看，法定控规编制仅局限于中心城区，对非集中建设区域并未详细涉及，城市外围的非集中建设区域往往在简单的区划管制下，无所归依，易被忽视[170]。因此对位于非集中建设区域的大量采矿迹地，并没有层层落实的管理依据和控制体系，城规部门无明确管理权限。对于城市建成区内的闭矿后工业广场等企业用地，由于矿区相对封闭的社会经济空间形态，存在企业积极自规划、政府有规划而无法实施的局面，迫切需要一个交流平台；

相关规划的规划目标、内容及特征 **表 2-4**

（表格来源：作者自绘）

<table>
<tr><th colspan="2">规划类型</th><th>部门</th><th>规划目标</th><th>主要内容</th><th>侧重点</th><th>法律依据</th></tr>
<tr><td colspan="2">国民经济与社会发展规划</td><td>发展改革委</td><td>城市经济、社会发展的总体纲要，统筹安排社会、经济、文化建设工作</td><td>内容相对广泛，涉及从生产、流通、消费到积累，从发展指标到基本建设投资，从资源开发利用到生产力布局各个方面</td><td>指导国民经济发展的纲领性文件，较为宏观</td><td>暂无法律规定</td></tr>
<tr><td colspan="2">城市总体规划</td><td>城市规划部门</td><td>依据区域城镇体系规划，结合自身发展，制定城市的经济和社会发展目标</td><td>确定城市性质和发展方向；根据人口预测确定未来用地规模；安排各类用地和基础设施的布局</td><td>规划区内的功能用地规划与布局</td><td>《城乡规划法》</td></tr>
<tr><td colspan="2">土地利用总体规划</td><td>国土部门</td><td>依据国家政策和当地自然、经济、社会条件，对土地的开发、利用、治理、保护在空间上、时间上所作的总体安排和布局</td><td>提出未来土地利用的调控指标，分解指标到下一层级规划；确定土地利用规模与结构调整方案</td><td>国家实行土地用途管制的基础，通过控制土地供给的规模、性质和布局实现保护耕地和管控建设</td><td>《中华人民共和国土地管理法》</td></tr>
<tr><td rowspan="2">采矿迹地生态恢复专项规划</td><td>土地复垦专项规划</td><td>国土部门</td><td>确定复垦的重点区域、目标任务和要求</td><td>土地复垦潜力分析、土地复垦的原则、目标、任务，土地复垦利用方向及空间布局，土地复垦工作的资金筹措</td><td>主要针对历史遗留损毁采矿迹地的生态恢复规划</td><td>《土地复垦条例》</td></tr>
<tr><td>土地复垦方案</td><td>企业编制</td><td>保证土地复垦义务落实、合理用地、保护耕地、防止水土流失、恢复生态环境及保护生物多样性</td><td>依据待复垦土地损毁类型及程度的评价，确定土地复垦的地类、面积与复垦比例，确定复垦投资情况</td><td>针对土地复垦和生态恢复责任人明晰的采矿迹地生态恢复规划</td><td>《土地复垦条例》、《土地复垦编制规程》</td></tr>
</table>

③ 土地利用总体规划：对采矿迹地有着较为直接的控制规划，但土规更多的蜕化为一类数字型管制技术[171]，在具体运作过程中采取被动管理、总量计划控制和允许易地开垦等管理方式，为各种变通行为留下空间，规划权威受到质疑[170]，对于采矿迹地本身的生态系统、损毁、污染现状等调查不足，对采矿迹地生态恢复的空间指导存在极大局限性。

④ 采煤塌陷地生态修复规划等非法定规划：土地复垦专项规划和土地复垦方案以治标控制为主，空间及功能规划较弱，对城市整体空间发展目标考虑不足。

总之，矿业城市面临"耕地"、"建设"、"采矿"等多方土地压力，对于空间资源的争夺在煤炭城市表现更为明显，由于各规划部门相互分割的行政权限及规划编制存在的缺失，大量采矿迹地呈现规划的"真空"状态。

2.4　本章小结

本章从东部平原煤炭城市采矿迹地的基本特征及形成机理入手，分析了采矿迹地与城市发展之间的密切关系，反观我国采矿迹地生态恢复与城乡发展相脱离的现实困境，主要结论如下：

（1）从城市空间的拓展、城市整体生态建设、城市产业布局及城乡统筹建设四个方面分析了采矿迹地生态恢复对城市发展的影响，提出从矿、城、乡统筹的区域视角考虑采矿迹地的必要性。

（2）剖析采矿迹地生态恢复与城乡发展脱离的困境：采矿迹地生态恢复忽视城市生态重建的目标；采矿迹地生态恢复之区域整体观念缺失；采矿迹地生态恢复以"再利用"为核心；采矿迹地生态恢复空间引导与调控缺失。

第3章　城市GI引导的采矿迹地生态恢复理论框架

前一章分析了采矿迹地与煤炭城市发展之间的密切关系，因此要实现煤炭城市的可持续发展，必须将采矿迹地置于矿、城、乡统筹的区域视角内，但目前采矿迹地生态恢复尚不能全面考虑城市生态重建的整体目标；单一项目之间没有联系，缺乏整体协调和配合；生态恢复的内涵及目标略显局限；采矿迹地的空间规划依据不足。如何建立一种新的思路来缓解以上问题？本章作者将试图将城市GI与采矿迹地置于统一研究框架内，建立包括目标、原则、工作程序及关键研究问题在内的城市GI引导下的采矿迹地生态恢复理论框架。

3.1　城市GI引导下的采矿迹地生态恢复的理论基础

城市GI引导下的采矿迹地生态恢复实质上是在恢复生态学与景观生态学学科交叉基础上的进一步探索。景观生态学将恢复生态学带向一个更大尺度、更加整体、综合自然和人类社会因素的研究视角。

景观生态学与恢复生态学的共生关系得以巩固是在20世纪80～90年代[172,174]。进入21世纪以来，越来越多的学者从景观尺度展开了生态恢复研究（图3-1）。2013年Menz等在《科学》杂志上发表“景观尺度生态恢复的难点及契机”，为今后景观与恢复生态学的融合进行了展望[175]。传统生态学基于生态系统演替原理排除干扰、加速生物组分变化，使得生态系统恢复到某种理想状态，许多学者通过实验证明，这些方法能够在生态重建早期阶段实现非常明显的效果，但从长期的恢复过程看又会出现新的难以预测的问题，甚至会导致生态恢复行动彻底失败。因此部分学者研究发现，这是由于恢复过程中尚未考虑景观格局的配置及时间尺度，没有在景观背景下利用生态系统的整体性来恢复退化生态系统[176]。

此后不断有学者研究得出结论：一个成功的生态恢复行动必须依赖于景观环境或尺度，必须扩大生态恢复研究的尺度（scaling up restoration）[175]。“尺度”是退化生态系统的恢复研究重要的前提条件，从土壤内部结构到某一种群，再到景观及区域尺度，甚至是全球尺度（图3-2）都有进行生态恢复的研究。但一般来说，学者普遍认可生态恢复以生态系统为单元，在景观尺度上得以表达。“景观”的概念是在地理学及生态学交叉背景下产生的，Forman 和 Godron 认为景观是由不同的生态系统组成、具有重复性特征的异质性地理单元。景观尺度生态恢复更强调研究不同生态系统之间的结构及功能关联性、耦合机理、生态功能退化的动态演变规律等。景观尺度是处于生态系统之上、区域尺度之下的中间尺度，许多自然保护和恢复必须在景观尺度上才能有效解决。

生态受损区域的生态恢复及重建过程，深刻地受到更大的景观尺度下生态和文化动态变化的影响[172]。景观生态恢复将地方尺度的恢复行动聚合到更广阔的背景中去考虑，不恰当的恢复地点及恢复功能将威胁到生态系统服务功能的整体发挥。随着景观生态学与恢复生态学关系的进一步紧密，人们开始意识到，影响生态恢复成功与否的限制因素不仅仅局限在地块本身尺度（local scale）[177]，而且也同样存在于更大的景观尺度。比如，当以生物多样性保护为目标时，栖息地覆盖率（habitat cover）、栖息地连接度（habitat connectivity）等大尺度景观指数将会影响生态系统恢复力（resilience）以及恢复效果[178]（图 3-3）。这些研究成果都说明，生态恢复的研究及实践已经由原来就地论地的尺度扩展到更大的多层级尺度[172-173]。此外，生态恢复的行动成为检验大尺度下空间格局对于生态过程影响机理的重要途径[174]，而这种检验过程是景观生态学的重要目标。

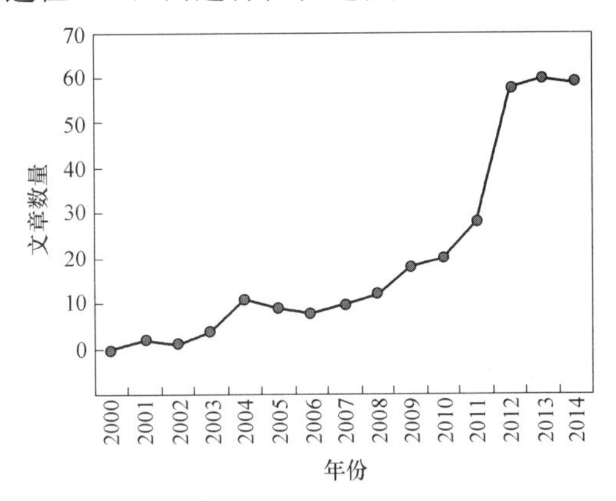

图 3-1　同时将 landscape 与 restoration 作为关键词的文章数量变化（2000～2014 年，web of science 数据库）

（图片来源：作者自绘）

随着景观尺度生态恢复得到学者的强调，景观生态恢复（landscape restoration）、系统景观恢复（systematic landscape restoration）等概念出现。景观生态恢复是指恢复原生生态系统间被人类活动终止或破坏的“相互联系”，通过增加新的景观要素、修复及优化现有景观格局，实现整体景观尺度上生态功能恢复的效益最大化[84]。系统景观恢复被认为是由系统保护规划（Systematic conserva-

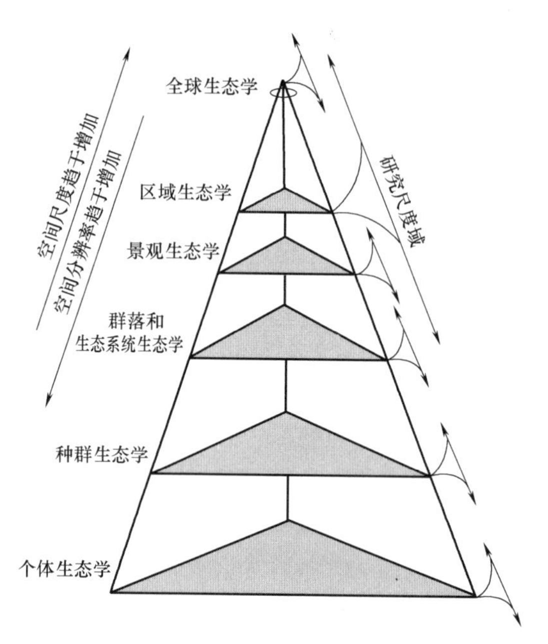

图 3-2　生态学的不同研究尺度

（图片来源：作者自绘）

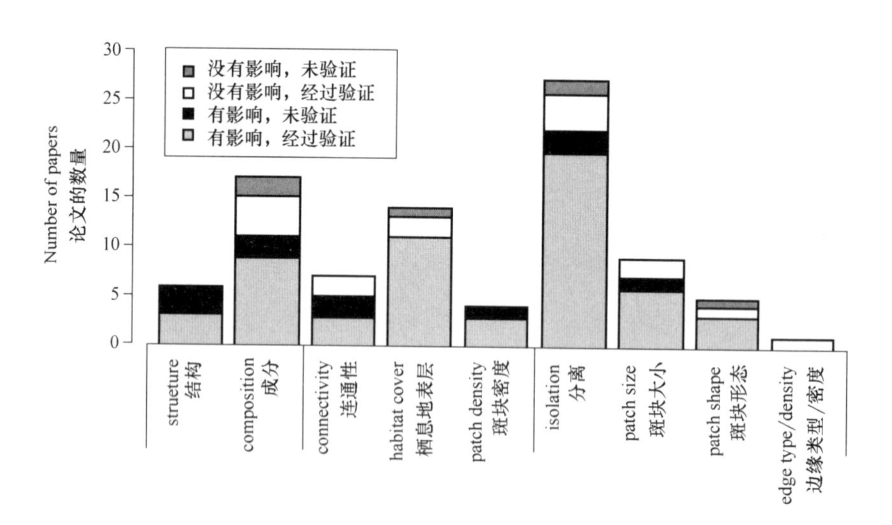

图 3-3　景观指数对生态恢复效果影响研究的数量统计

（图片来源：参考文献［110］绘制）

tion planning）引申出来的一类生态恢复空间规划。大部分学者关注栖息地空间结构的恢复[179]，还有学者考虑到生态系统构成、景观多样性及功能等方面的重构[180-181]，总之生态恢复必须在一个系统的景观尺度进行，以最大化的实现系统保护规划目标。

已有学者研究证明：对退化景观恢复起到关键作用的节点采取积极的生态恢复措施将起到事半功倍的效果，重新连接一条栖息地迁徙走廊的断裂处、恢复作为“踏脚石”（stepping stone）的生态斑块，修复河流汇合口、河谷与山脊交接处，在有限的资金投去前提下，按照关键地段的重要程度对其进行生态恢复区划排序，也逐渐成为众多学者关注的焦点问题[182]。

那么具体来讲，景观生态学能够为生态恢复研究提供怎样的理论及方法支持呢?比如：

① 景观生态学在生态系统退化机理研究中的运用：采用斑块形状、斑块大小、景观异质性、景观连接度等景观指数，可以定量分析不同景观属性背景下退化生态系统内部能量及物质交换的特征，以及物种种群关系的变化规律，预测不同生态恢复方案带来的景观尺度格局及功能的变化效应，协助人们从整体、系统的角度制定最具有潜力的生态恢复方案及措施。

② 景观生态学在关键恢复地段选择中的运用：利用景观生态学方法，将局部恢复地点置于大尺度的景观背景研究，结合区域特征设定生态恢复的综合目标，根据不同恢复地点所处的景观位置不同，对恢复地点进行优先级排序及筛选。因为某些景观节点对于控制水平生态过程具有关键性作用，抓住这些景观战略区位（Strategic points），能够确定资金投入的最佳位置，使得生态恢复的成本-效益最大化，实现高效率的生态系统服务功能和生物多样性恢复。

③ 景观生态学在生态恢复效果评价中的运用：很多学者已经证明生态恢复是否取得成功更大程度上取决于景观尺度要素，在未来的生态恢复评价研究中，景观尺度的生态恢复限制因素，以及这些因素如何影响生态恢复效果将成为关注的重点。

3.2 城市GI引导下的采矿迹地生态恢复的基本内涵

3.2.1 GI与采矿迹地的内在联系

(1) GI：大尺度下采矿迹地生态恢复的框架

GI是基于景观生态学方法对于自然资源保护的一类空间实体或政策性战略。GI的物质空间结构采用景观基本结构斑块-廊道-基底模式，同时具有景观的整体性、动态性及多功能、多尺度等特性。

GI规划是景观视角实践采矿迹地生态修复的有效目标及工具。各国很多地区或城市都将GI作为采矿迹地生态恢复的宏观指引工具。如，在美国马里兰州，研究人员以GI的构建及恢复为目标，通过对GI空白区域（Gap）的辨识及其生态功能排序，确定这一地区有哪些优质的森林斑块被矿业废弃地割裂，哪些鱼类迁徙水路被酸性矿井排水阻断，并将其修复工作综合考虑到 GI 系统的构建和维护中去，填充和联系被破坏的 GI 空白区域（图 3-4）。我国也有学者以区域 GI 优化为目标，在北京石花洞风景名胜区总体规划中，采取生态安全格局方法，对采矿迹地进行修复规划的尝试[184]。总之，GI 引导下的采矿迹地生态恢复区划评价的规划是一种景观尺度调控、局部恢复的新思路。因此采矿迹地的生态恢复应该以恢复和重建城市 GI 为目标，研究采矿迹地恢复后对整个 GI 结构和功能的影响关系，确定采矿迹地生态恢复的优先恢复地段和资金投入重点地区，通过采矿迹地生态恢复实现煤炭城市 GI 结构由受损到修复再到增强的过程（图 3-5），共同构建城乡生态安全格局。

图 3-4　马里兰州 CI 空白区域识别及恢复

（图片来源：根据参考文献［103］改绘）

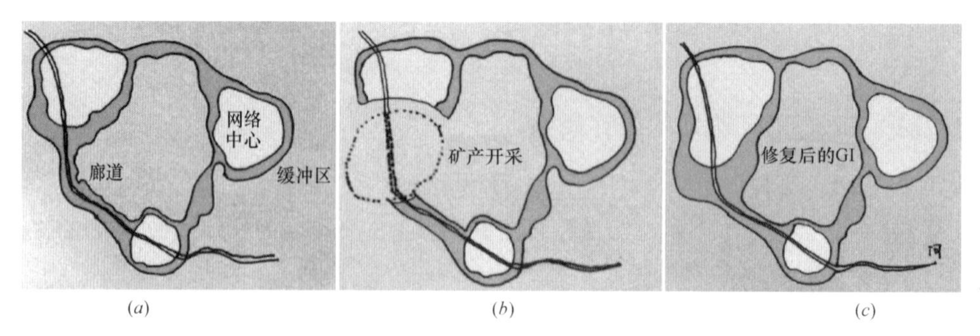

图 3-5　煤炭开采对 GI 的影响过程

（a）开采前 GI；（b）开采中 GI；（c）采矿迹地生态恢复后的 GI

（图片来源：作者自绘）

(2) 采矿迹地：GI 优化和完善的重要内容

GI 空间结构不仅包括已形成或受到威胁正在消失的自然空间，还包括具有生态潜力、经过生态修复未来可能纳入生态网络的区域，GI 的优化及完善是一个不断变化的动态过程，采矿迹地被证明经过长期的无人干扰式的自由发展，具有相当大的生态潜力，形成了新的具有较高生态价值的栖息地空间。因此，采矿迹地等生态退化区域的修复工作是 GI 系统的构建和完善的重要任务[185]，位于 GI 中某些关键节点及位置对恢复及维护某些生态过程具有重要作用，在某些情况下，废弃地的生态恢复是连接自然栖息地的唯一途径[186]。

通常采矿迹地对 GI 的优化及补偿作用体现在以下几种类型（图 3-6）：选择在某些潜在的生态战略部位引入新斑块，使他们成为新的生态斑块或“踏脚石”；建立或修复源斑块间联系廊道；增加源斑块的面积；优化源斑块的形状；增加 GI 结构的景观连接度、适度的景观异质性等景观属性。

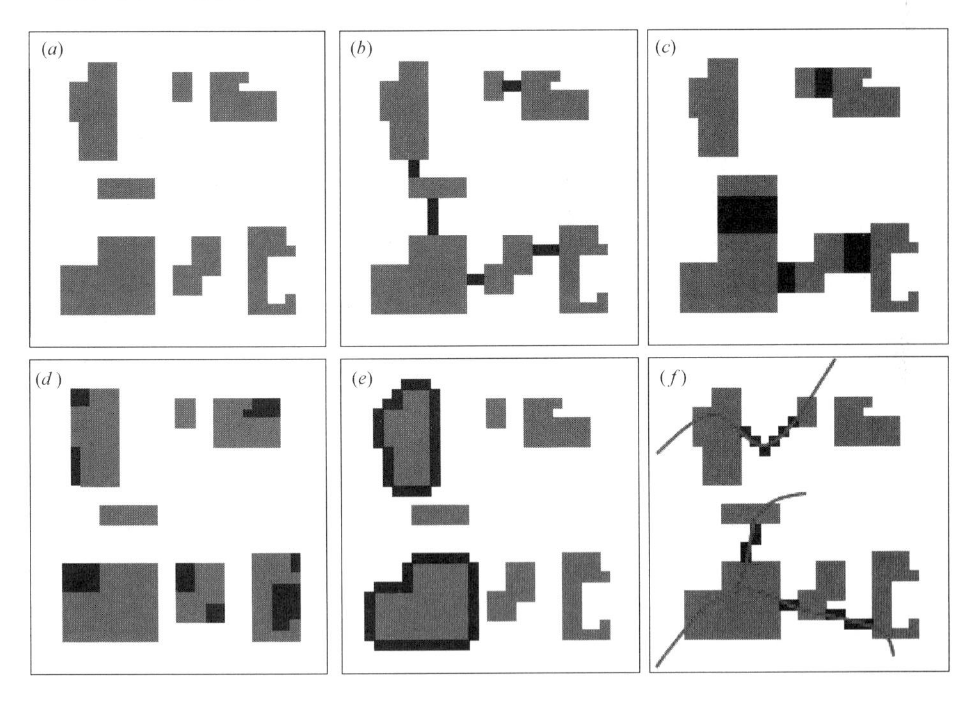

图 3-6　生态恢复对于完善 GI 结构的作用模式

(*a*) 原景观结构；(*b*) 增加廊道；(*c*) 增加连接度；(*d*) 增加斑块面积；
(*e*) 增加弹性区域；(*f*) 作为永久保护区的廊道，黑色：生态恢复地点，灰色线：河流
(图片来源：根据文献［110］改绘)

比如，英国“Nature After Minerals”项目是国家自然协会（Natural England）与皇家鸟类保护协会（RSPB）受矿产协会（Mineral Products Association）委托，针对其国内 1300 块采矿迹地进行调研，以促进英国优势栖息地（priority habitat）恢复和结构优化为目标，通过水文地质、土壤性质、物种多样性、在栖息地网络中的区位（与已存在不同类型栖息地的距离）等因子进行生态潜力评价。其中采矿迹地与已有栖息地网络的关系是决定其作为优先栖息地生态潜力的重要因素，采矿迹地与已有同类栖息地距离越近，修复后对栖息地网络连接度提升和结构优化作用越大，越应优先被恢复为适宜生境。项目最终结果显示，这些占地超过 64000hm^2 的 1300 块采矿迹地中，近 55794hm^2 的土地具有构建 17 种优势栖息地的潜力，仅有 173 块采矿迹地不适合作为栖息地建设[187]。

3.2.2 基本内涵

“城市 GI 引导下”的提出，对于区域整体审视采矿迹地的生态恢复策略及效果评价具有重要意义。尤其在目前我国快速城市化背景下，城市规划被蒙上了一层“经济优先”的色彩，众多城市规划都被认为要以“效率”优先，以发展为要务，以各类建设快速进行为目标[188]，经济主导了城市空间和资源配置，其本质是对土地资源的疯狂掠夺，城市无序扩张，通过规划获取土地交易的差值，已经成地方政府热衷的主要财政收入方式[189]。因此，位于城乡扩张背景下的采矿迹地，其生态恢复过程也不是从其内部生态特性和外部生态关系出发的，而是围绕经济利益、增加建设用地而来的。

“城市 GI 引导下的采矿迹地生态恢复”使得传统经济主导思维转变为生态优先的基本理念。GI 导向下的采矿迹地生态恢复空间区划及恢复策略可以有效应对传统被动生态恢复和环境保护问题，有利于寻求保护和发展的平衡，基于 GI 景观结构约束、引导采矿迹地生态恢复，可以促进煤炭城市整体生态环境的改善以及城市的可持续发展。

GI 引导下的采矿迹地生态恢复既是一个战略框架，也是一类规划方法。本研究提出的“GI 引导下的采矿迹地生态恢复”，强调将采矿迹地置入一个矿、城、乡结合的区域背景，本质上是提出一种同时考虑整体与局部的采矿迹地生态恢复的新理念和新方法，重视采矿迹地所处的城乡整体生态空间，其内涵丰富：

① 整体最优

GI 引导下的采矿迹地生态恢复是基于景观生态恢复理论，从恢复煤炭城市的整体景观结构出发，确保城乡区域内生态恢复整体效果最优和最大化，以此为目标来指导采矿迹地生态恢复项目规划的具体实施。城乡生态系统“整体最优”仅仅是个笼统的目标，在具体 GI 引导下采矿迹地生态恢复评价工作中，还必须首先设立更为详细的生态恢复目标，比如增加城市的生物多样性、增加城市 GI 结构的景观连接度等。

② 生态优先

GI是城乡区域最为关键的高质量生态空间，“GI引导下”意味着“GI优先”，即采矿迹地生态恢复要优先考虑对于城市GI网络的生态适宜程度以及贡献度，在同等适宜某几类土地功能时，优先考虑作为GI的某些地类，尤其避免作为建设用地，最大限度地发挥采矿迹地的生态潜力及对恢复城市生态功能的作用。这里并不排斥考虑社会经济因素，而是强调在城乡区域尺度上，应该优先考虑生态因素，在下一层级土地复垦及生态恢复具体规划的小尺度上，必须重视社会、经济因素对于土地利用类型和恢复模式的影响。

③ 多方协作

GI规划及实施过程涉及不同面积、不同类型的、权属各异的土地，是一个类似于缝合“被子”的外部环境整合和协调过程。同样，整合规划和利益协调是GI引导下的采矿迹地生态恢复的重要保障，要实现在城乡范围内统筹规划和安排不同的场地条件、生态功能、系统位置、社会经济背景的采矿迹地生态恢复工作，必须强调城乡整合、矿城整合、矿矿整合及相关利益整合，强调不同学科的交流、政府和科研机构的合作，这种整合是全方位和共赢的，是以实现矿城乡统筹发展下的采矿迹地生态重建为目的的。

3.3　城市GI引导下的采矿迹地生态恢复的目标原则

3.3.1　目标体系

生态恢复目标是恢复生态学中的一个重要命题，生态恢复到底恢复什么？一直是众多学者热议的焦点。

有学者关注物种恢复、植被结构恢复、土壤构成恢复，或恢复到干扰前状态，或生物多样性恢复，甚至增加景观视觉和美学享受等等。

事实上，如果仅仅是恢复及重建了生态系统结构或单一方面的退化属性，不能称之为成功的生态恢复。美国国家研究理事会（National Research Council，NRC）认为：生态恢复是将退化生态系统恢复到一个与干扰前相似的生态系统，生态系统结构的重构与生态系统功能的恢复同样重要，二者缺一不可。生态恢复的最终目标就是要恢复一个能够自我维持的、随外界变化能自我调整的整体生态系统。国际生态重建学会强调了“生态整体性、系统性”的恢复与管理，将生态整体性的内涵扩展到能量及物质流动、物种迁徙等生态过程的恢复，景观结构的合理布设，生物多样性保护，人文历史环境保护等多个方面。刘海龙认为采矿迹地生态重建就是使土地恢复一定的生产能力的同时，达到并保持一定的生态平衡，并与周边景观环境相协调，整体提升区域生态功能的一种行为[157]。

虽然以上界定各有差异，但都一致强调生态恢复的“整体性”，强调“生态功能恢复”，以及“恢复的区域或景观背景”（图 3-7），即避免过度关注局部生态恢复样点，而必须将待恢复生态系统适宜地融合在一个更大的生态体系或景观中，与之进行非生物和生物流交换作用[190]。因此，整体观念下的区域生态功能重建，是生态恢复的终极目标。

图 3-7　生态恢复整体观念的重要性

（图片来源：网络）

我国采矿迹地生态恢复，甚至是大多数生态恢复工程项目，都难以完全依据整体生态功能的恢复目标来进行，更多以生态问题为导向，围绕土壤基质改良、植被恢复、土壤动物及微生物应用、土地平整、煤矸石山覆绿等单纯问题展开，而单纯关注与生态问题的恢复措施难以实现区域整体生态功能的提升，因为忽略一些重要的大尺度生态过程而造成生态恢复效率低下，甚至有时会造成又一次的生态破坏。因此，我国恢复到“可供利用状态”的采矿迹地生态恢复目标存在较大局限性，胡振琪等学者[7]已经提出我国的土地复垦目标及内涵必须得以扩展，从过去重视土地平整、植被种植的治理工程，走向更多关注采矿迹地上生态系统结构与功能的恢复、生物多样性保护、区域生态重建的实践。

GI 引导下的采矿迹地生态恢复研究，是转变我国经济导向恢复目标为生态优先恢复目标的一种尝试，其最直接的目标就是完善城市 GI 系统。依据该目标来设定采矿迹地生态恢复的功能目标、生态恢复分区的建设管控措施、生态恢复模式及技术。

该目标强调必须以城乡背景、区域尺度及生态优先为框架，将采矿迹地生态恢复与城市的可持续发展联系起来。即：基于“局部实施、整体调控、近远结合、因地制宜”的理念，科学评价并制定采矿迹地生态恢复区划和时序，通过采矿迹地生态恢复增加城市生物多样性，增强 GI 景观结构的完整性和连接度，最大化的实现恢复后的城市整体生态系统服务功能，有效控制和持续改善城市生态环境，理顺经济发展和生态保护关系。

宽泛来讲，GI 引导下的采矿迹地生态恢复目标可推演到多个方面（图 3-8）：

①引导煤炭城市空间的有序、健康扩展；②建立区域调控、局部恢复的采矿迹地生态恢复框架；③实现基于科学生态评价的区域尺度采矿迹地生态恢复；④促进矿、城、乡的融合发展；⑤建立采矿迹地生态恢复的规划协同体系；⑥建立采矿迹地生态恢复的利益相关者协调机制等，但其修改目标都可以归为煤炭城市的可持续发展。

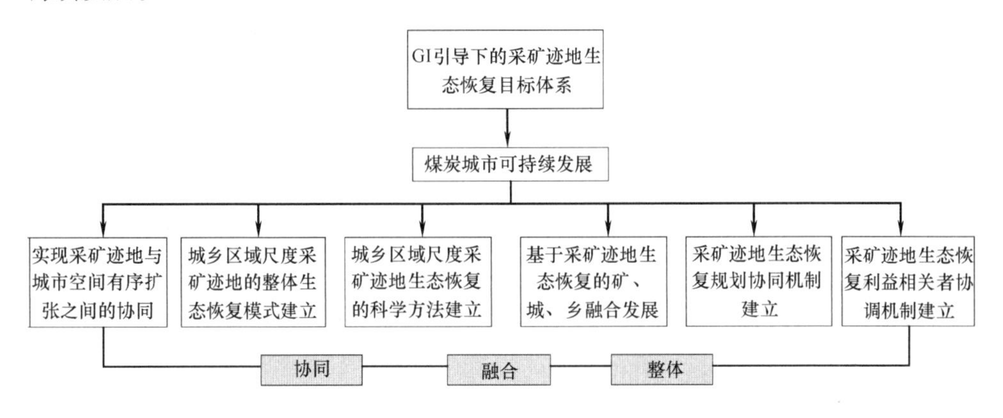

图3-8　GI引导下的采矿迹地生态恢复目标体系

（图片来源：作者自绘）

3.3.2　基本原则

（1）区域性原则

生态恢复项目的效果很大程度取决于其所在的区域景观环境，如栖息地覆盖、景观连接性、孤立性等。城市GI引导下的采矿迹地生态恢复由传统的小尺度生态恢复，扩展到解决城市及区域生态问题。重视景观及区域尺度的生态恢复对生物多样性保护、生态系统恢复的影响与作用。不能静止而孤立地看待问题，整体、动态、综合的分析采矿迹地在区域景观结构和功能中发挥的作用，探索生态系统退化的机理及生态恢复的潜力，统筹考虑采矿迹地生态恢复对区域景观生态结构和生态过程的影响及二者的联系。

（2）系统性原则

在整个研究过程中都贯穿着一个概念，局部与整体的关系。基于系统性原则，研究孤立的个体到研究个体之间的“关系”是“结构”研究范式中的重要思想。城市GI引导下的采矿迹地生态恢复强调不能仅仅关注采矿迹地本身的生态退化机理及生态适宜性，而要立足于更广阔的系统视野，研究孤立个体与整体结构的关系。研究采矿迹地在整个结构中所处的生态位和生态功能，从而从整体最优的角度来决策采矿迹地的生态修复时序及建设控制分区。

(3) 分级分区原则

分级分区是大尺度研究采矿迹地生态恢复必须遵循的基本原则和实践方法。城市 GI 引导下的采矿迹地生态恢复要求，根据某一生态恢复目标，对城乡区域内的采矿迹地自身的生态潜力及与周边景观结构的关系进行评价，根据各地块实现该目标的贡献度进行生态恢复区划（priority）排序，同时科学分区，不同分区采取不同的生态恢复策略，从而达到局部治理到位，整体生态环境最优的生态修复目的。

(4) 多功能原则

GI 引导下的采矿迹地生态恢复强调采矿迹地恢复功能的多样化，打破我国传统上将采矿迹地优先恢复为耕地的理念，尤其强调采矿迹地的生态潜力以及其恢复后所发挥的生态系统服务功能的多样性，认为自然保护、物种栖息地恢复、生态功能恢复与重视土地经济用途及社会效益同样重要。因此在保证我国基本耕地红线基础上，按照科学的适宜性评价结果，鼓励采矿迹地作为自然保护区、自然保护优先区、城市公园及开敞空间，促进城市物种多样性，保护并增加物种基因资源。

(5) 高效性

所谓高效性，即花费尽可能少的资源或成本来实现生态恢复目标的尽可能大[192]。生态恢复的高效性是恢复生态学研究中的重要课题之一：面对大规模的生态退化及受损区域，以有限的生态恢复资金不可能对所有地区一一进行恢复，那么首先恢复哪些地段，可以实现高“投入-产出”比，成为生态恢复工作中首先提出的问题。GI 引导下的采矿迹地生态恢复研究将予以回答，通过建立一种生态恢复优先地段选择的策略及方法，以最大化生态恢复的效用[193-194]。这里的高效性取决于生态恢复的目标及尺度。生态恢复目标由单一物种栖息地恢复到生物多样性保护，再到社会经济效益实现，呈现了从生态到生态-经济-社会多元评价的发展态势，生态恢复高效性研究的尺度也分布在土地本身（local）、景观（landscape）及区域（region）等各个尺度中，特别体现在景观尺度[195]。

3.4 城市 GI 引导下的采矿迹地生态恢复的研究尺度

围绕城乡发展的空间布局，GI 系统可以划分为以下尺度：场地尺度、片区尺度、城市尺度、区域尺度等等。因此 GI 引导下的采矿迹地生态恢复研究和实践也应该在不同层次展开（图 3-9）。场地尺度指的是采矿迹地本身的生态受损空间，由于采矿迹地是一个复杂景观镶嵌区域，该尺度也是由不同功能的生态系统组成；片区尺度可以理解为包含采矿迹地在内的城市中的一部分，如某一矿区或某一行政片区；城乡尺度是指包括城市中心建设用地及城市周边领域的空间，包括了各种复杂功能单元的集合，如某一地级市或县级市；区域尺度可以扩大为多个城市组成的地域，如包括2个县级市、3个县的徐州市市域范围或更大范围。各个尺度研究应逐级递进。

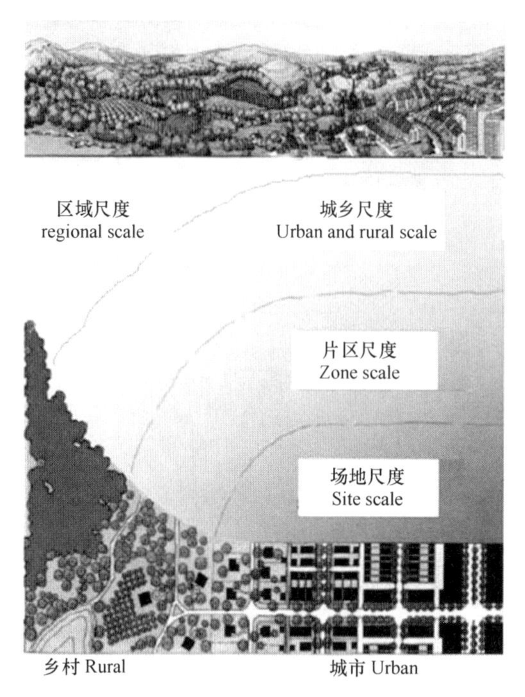

图3-9　GI引导下的采矿迹地生态恢复研究尺度

（图片来源：作者改绘）

本研究选择在城市尺度进行研究，原因在于有以下几点①本研究的目的在于通过采矿迹地生态恢复，优化及重建煤炭城市的生态空间，防止城市建设用地的无序蔓延，在城市尺度是最适宜的；②区域尺度中采矿迹地面积较小，与区域GI要素的面积比例悬殊，结构关系不容易掌握，对整体生态空间结构的影响微弱；③片区与场地尺度是城市尺度研究的延伸，但不宜脱离城市尺度研究，可以基于城市尺度研究成果进一步深入分析，得出更为具体的指导土地复垦与生态恢复项目的规划及决策。

3.5　城市GI引导下的采矿迹地生态恢复的研究框架

研究框架可以促使宏观而模糊的理念变得更加清晰，形成概念性的战略目标判断与方案构思。本研究中的城市GI引导下的采矿迹地生态恢复需要更为详细的研究框架进行指导和落实。从GI引导下的采矿迹地生态恢复的基本流程与关键问题入手构建该研究框架。

3.5.1 基本流程

GI引导下的采矿迹地生态恢复的概念是基于“斑块-廊道-基质”的景观格局研究发展的，适应了大尺度上生物保护和生态恢复研究的需求。基于景观结构与功能关系的研究，通过确定生态恢复的整体目标，识别能够恢复与控制生态过程、完善生态结构的关键性恢复地段，并加以生态恢复区划排序及分区。一般可以依据以下研究流程（图3-10）：

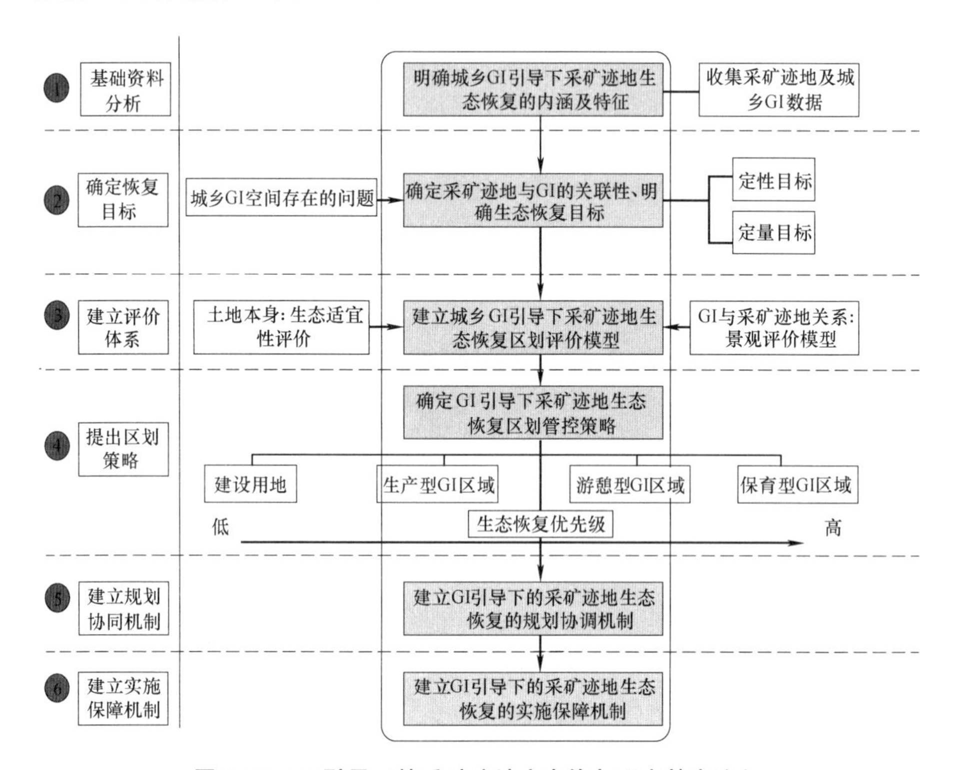

图3-10 GI引导下的采矿迹地生态恢复研究基本流程

（图片来源：作者自绘）

① 明确城市GI引导下的采矿迹地生态恢复的内涵

向城乡规划师、土地管理者以及政府决策者传达一个理念，GI引导下的采矿迹地生态恢复与传统思维下的恢复实践有何区别？具有哪些特征、基本内涵？

② 确定采矿迹地与GI的关联性、明确生态恢复目标

在城乡尺度基于GIS平台，基于对于采矿迹地的充分了解与调研之上，明确被恢复对象采矿迹地的边界，并将采矿迹地置于一系列关键的点、线、面组合成的GI景观格局中，通过辨识城市GI与采矿迹地之间空间及功能关联性，分

析城市现状 GI 的特征及其存在问题，采矿迹地对于优化 GI 的可能预景，从而确定 GI 引导下采矿迹地生态恢复的具体目标。如增加 GI 结构的景观连接度或景观异质性、弹性等景观特性。很多发达国家在制定生态保护或恢复规划时，给出了具体到量的明确目标，但我国国土面积广大，生态系统类型极为复杂，提出定量的目标有一定困难。

③ 建立 GI 引导下的采矿迹地生态恢复评价模型

该部分是研究的核心内容，旨在回答：在城乡景观尺度上应该从哪些采矿迹地着手，将其恢复为哪一类功能，才能促进城市 GI 的生态过程及结构最优化，使得恢复行动最为有效？因此，关键是要建立一个 GI 引导下采矿迹地生态恢复区划及时序评价模型，从采矿迹地本身以及其在城市 GI 中的结构位置的双重属性出发，评价采矿迹地对于实现 GI 优化具体目标的贡献度，依据贡献度的大小选择重点恢复区域，并确定生态恢复行动的优先权、空间分区的明确解决方案，有可能的话加入土地管理者及使用者等公众参与决策，则能更好地完善该评价体系。评价的方法可以涉及最为基础的生态适宜性评价模型，以及众多景观层面的景观指数计算模型。

④ 确定 GI 引导下采矿迹地生态恢复区划管控策略

GI 引导下的采矿迹地生态恢复区划管控策略是基于上一步的生态评价结果的。该区划是城乡尺度统筹审视采矿迹地的较大尺度的区划，区划的标准是采矿迹地对 GI 优化的贡献度，即采矿迹地作为城市 GI 的生态适宜程度，按照采矿迹地恢复后承受人为干扰的大小，将其划分为保育型 GI 区、游憩型 GI 区、生产型 GI 区、建设用地。这 4 类区划体现了“GI 优先”的采矿迹地生态恢复策略，最大限度的保护和修复城市 GI 系统，为城市空间的拓展、绿地结构的形成提供科学依据。位于城市内部及边缘区的采矿迹地是研究的重点，因为这些用地恢复后往往更容易作为建设用地，这一点在平原地区城市尤为明显。

⑤ 建立 GI 引导下的采矿迹地生态恢复的规划协调机制

要实现以上采矿迹地整体恢复的预景，必须依托于严密而协调的空间规划系统。针对我国目前“多规并立”的复杂现状，梳理各个规划对于采矿迹地生态恢复的作用是非常必要的。GI 引导下的采矿迹地生态恢复强调跨越矿、城、乡边界、强调大尺度生态恢复决策、强调生态优先的规划理念，因此必须打破各个规划之间的壁垒，调整我国生态空间规划的编制体系，加强国土部门与城乡规划部门的联系，建立围绕城乡尺度采矿迹地整体恢复的规划协调机制，为土地复垦专项规划及项目规划等提供依据。

⑥ 建立 GI 引导下的采矿迹地生态恢复的实施保障机制

GI 引导下的采矿迹地生态恢复的实施还需要在政策法规、组织机构、资金保障、生态理念等方面提出相应响应措施，尤其“GI 引导”需要区域内不同利益团体的协调，在统一的目标下采取不同的恢复行动。

3.5.2 研究关键问题

① GI 引导下采矿迹地生态恢复的具体目标确定；
② 采矿迹地与现有 GI 的关联性以及相应评价体系指标的选取；
③ 我国空间规划体系对 GI 引导下的采矿迹地生态恢复的作用机制。

3.6 本章小结

本章基于生态学相关理论，阐述了 GI 引导下的采矿迹地生态恢复的基本内涵、原则、目标及分析框架，为整篇论文提供一个明晰的研究框架，主要结论如下：

（1）景观生态恢复是未来恢复生态学研究的热点方向，生态恢复逐渐走向更大的尺度。扩展了目前我国采矿迹地生态恢复以复耕为主的目标，提出生态恢复的目标不是简单的植树种草，或土地恢复到可供利用状态，而是要实现更大范围内的整体生态功能及结构的恢复。

（2）在分析了 GI 与采矿迹地的相互关系基础上，提出城市 GI 引导下的采矿迹地生态恢复的基本内涵，整体最优、生态优先和多方协作是其最为核心的内涵意义。

（3）提出 GI 引导下的采矿迹地生态恢复的基本原则：区域性、系统性、分区分级、多功能、高效性、弹性。认为 GI 引导下采矿迹地生态恢复的根本目标是促进煤炭城市的可持续发展，转变经济导向为生态导向的发展模式。

（4）在界定研究尺度的前提下，建立 GI 引导下采矿迹地生态恢复的研究流程，主要包括①明确城市 GI 引导下的采矿迹地生态恢复的内涵；②确定采矿迹地与 GI 的关联性，明确生态恢复的目标；③建立 GI 引导下的采矿迹地生态恢复区划及时序评价体系；④确定 GI 引导下采矿迹地生态恢复区划管控策略；⑤建立 GI 引导下的采矿迹地生态恢复的规划协调机制。

第4章　采矿迹地和GI的关联性分析

上一章提出GI引导下的采矿迹地生态恢复理论框架，提出研究的基本流程包括：明确概念及内涵；确立采矿迹地与GI关联性并提出整体生态恢复目标；确立GI引导下采矿迹地生态恢复时序、区划及相应管制策略；建立GI引导下采矿迹地生态恢复规划协调框架；构建GI引导下采矿迹地生态恢复的实施保障机制。本文后几章将按照该次序，以徐州市为例进行研究。

本章将首先分析研究区内采矿迹地的分布及特征，以及徐州市GI要素的基本构成，归纳城市生态空间保护与恢复面临的主要问题，最后从生态结构及功能两方面分析二者关联性。

4.1　研究区采矿迹地与GI分布及特征

4.1.1　研究区概况

本研究选取平原地区煤炭城市徐州作为实证案例。徐州市位于江苏省西北部，东经116°22′～118°40′，北纬33°43′～34°58′，东西宽约210km，南北约140km，市域总面积11258km^2。地处苏、鲁、豫、皖四省交界，京沪、陇海铁路在此交汇，京杭大运河傍城而过贯穿徐州南北，高速公路四通八达，是淮海经济圈的重要中心城市，全国重要水陆交通枢纽，同时也是东部平原煤炭基地中的重要煤炭城市。

徐州市地貌除中部和东北为丘岗山地外，多为平原，属于黄淮平原的一部分，平原面积约10226km^2，占全市面积的91%，低山丘陵面积约1032km^2，占全市的9%。徐州市属淮河流域，沂、泗河水系。矿区内河流不甚发育。区域内及附近有微山湖、京杭大运河、黄河故道、不牢河、房亭河等，但除运河常年有水外，其余均为季节性河流，是徐州地区泄洪的主要干道，属于高潜水位地区。城市东距黄海170km，受海洋性气候控制，兼具大陆性气候特征，年平均降水量869.9mm。

本书研究范围限定于徐州市都市区，总用地面积3127km^2（图4-1）。研究区内山包城、城包山，环城山体连绵起伏，低山丘陵共173座，山林资源丰富，植被类型多样，区内湖泊众多，森林覆盖率达 32.8%。该区域内建有煤矿 29 个（图 4-2），按照煤田分为西部矿区与东部矿区。西部矿区历史上主要为国营大中型矿井，开采正规，开采后的采空区形态较规则，开采影响范围明确。东部矿区煤层埋藏浅，开采矿山多，同时分布较多小煤窑，开采影响范围较为模糊，目前为止因采煤造成不同程度采矿迹地约 160km²。

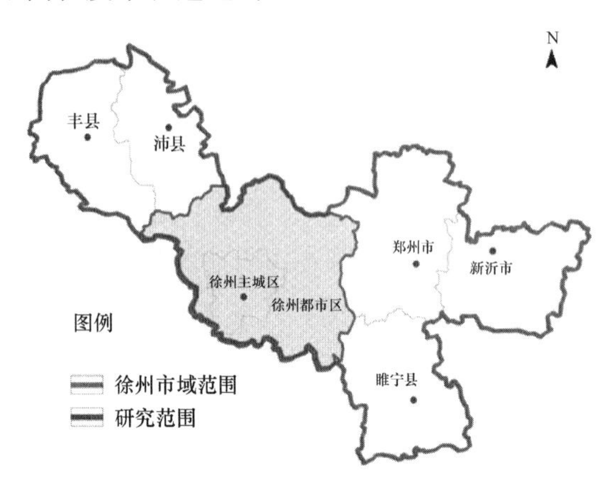

图 4-1　研究范围示意图

（图片来源：作者自绘）

图 4-2　徐州都市区矿井分布图

（图片来源：作者自绘）

4.1.2　采矿迹地的分布及特征

（1）分布概况

研究区内东部矿区包括铜山区及贾汪区，涉及 7 个镇，分布有夏桥、青山泉、董庄、韩桥、权台5个已关闭的老矿，以及旗山、唐庄、瓦庄、柳泉、新庄、新湖、姚庄、利国等13对生产矿井；西部矿区包括铜山区内的5个镇，新河、卧牛山、庞庄、张小楼、夹河、义安、垞城、张集等16对矿井位于其中。各矿分布于中心城区边缘或外围，最近的卧牛山煤矿已经成为城市重要组成部分。

进入21世纪后，徐州的煤炭资源几近枯竭，大量矿井相继关闭，大面积塌陷地、工业广场等采矿迹地亟待整治。这些采矿迹地围绕着矿井分布，多数位于生态环境及社会环境较为敏感的城乡边缘地带，其数量庞大，已经形成半包围徐州主城区的格局，对城市向北发展形成明显制约。根据《徐州市采煤塌陷地生态恢复规划》，目前徐州都市区内有不同程度塌陷地约15000hm^2，其中72%的塌陷地未稳沉或稳沉未治理[30]；根据《徐州市工矿废弃地复垦调整利用专项规划》（2012～2015年），未塌陷地的废弃工矿用地（闲置工业广场及矸石废料压占地等）面积约为1600hm^2（按照每个停产矿井130hm^{2}初步估算），随着徐州市煤炭资源枯竭以及矿业经济转型发展，矿井在未来10年内将陆续关闭，还将陆续腾退企业用地近3000hm^2，可见采矿迹地对城市空间健康发展带来严重影响。

根据徐州市采煤塌陷地分布图（2012年），结合《徐州市工矿废弃地复垦规划》（2012～2015年），确定尚未治理的采矿迹地的边界，从较大尺度将研究区内采矿迹地划分为9个集中斑块⑥（图4-4、表4-1），西部矿区以庞庄东、西片区斑块为核心，周边散布垞城、张集、义安、新河-卧牛片区斑块；东部矿区以贾汪片区斑块为主，与大黄山及董庄片区斑块一起构成东部三大采矿迹地集中区域，各采矿迹地斑块的面积统计如图4-3所示。

各采矿迹地斑块概况　　　　**表4-1**

（表格来源：作者自绘）

煤田	涵盖范围	斑块名称	包含煤矿名称	面积(hm^2)	分布情况
西部煤矿（九里山和闸河煤田）	九里区、铜山县2个区县，5个镇，5个办事处	庞庄东片区	徐矿集团庞庄矿，扬州煤炭工业公司王庄矿、宝应矿	2688.46	庞庄矿大面积塌陷地集中在九里区铁路以北、沿徐丰公路两侧的范围内
		庞庄西片区	徐矿集团夹河矿	1056.19	夹河矿形成的塌陷地分布在环城高速以东、故黄河岸两侧的大片区域内
		垞城片区	垞城矿、柳新矿	787.33	塌陷地位于环城高速以北、柳新镇内

⑥　每个采矿迹地斑块都包含有不同种类的废弃地，其中塌陷地占较大比例，废弃工业广场及压占地由于地下保留煤柱的支撑镶嵌在塌陷区域内，另外斑块内还可能包含零散分布的已经治理的采矿迹地，但因为其面积较小且位于斑块中心孤立存在，在城乡的区域尺度来看，可以将其与其他未治理采矿迹地一起视为一个完整斑块，并不影响本研究结果的准确性。

续表

煤田	涵盖范围	斑块名称	包含煤矿名称	面积(hm^2)	分布情况
西部煤矿(九里山和闸河煤田)	九里区、铜山县2个区县,5个镇,5个办事处	张集片区	张集矿	1294.74	塌陷地位于环城高速路以西、刘集镇境内,刘柳公路从塌陷区北部穿越
		义安片区	义安矿、大刘矿以及夹河矿	4734.45	环城高速以西铜山县大彭镇境内,紧邻苏皖边界
		新河-卧牛片区	徐矿集团卧牛山矿、新河矿、天能集团马庄矿	808.13	除卧牛山矿塌陷地位于九里区范围,另外两矿塌陷地均在铜山县汉王镇境内
东部煤矿(潘家庵煤田)	贾汪区、铜山县和徐州经济开发区共3个区县,7个镇,2个办事处	贾汪片区	徐矿集团青山泉矿、韩桥矿、权台矿、旗山矿;天能集团柳泉矿、姚庄矿;徐州宏安集团唐庄矿	5906.08	贾汪区是徐州东部矿区的主要煤炭生产聚集地,以上矿井都集中在贾汪市区、青山泉镇、大吴镇内
		大黄山片区	大黄山煤矿	984.98	塌陷地位于环城高速路以东、在承接贾汪区和徐州市的关键位置
		董庄片区	徐矿集团董庄矿和天能集团新湖矿	1132.11	位于贾汪区紫庄镇和大吴镇境内

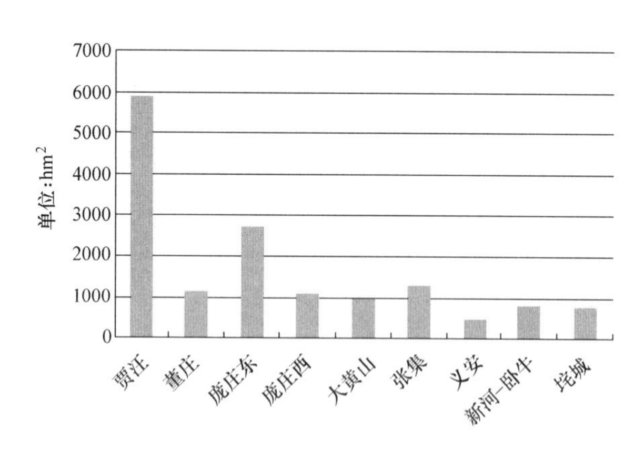

图4-3 采矿迹地斑块面积分布

(图片来源:作者自绘)

徐州市矿井全部采用井工开采方式,采深较大,最深的已达1200余米。采矿迹地具有规模性、动态性、积水性、复杂性及分散型的特征,其中规模性表现在塌陷面积成片蔓延;分散性是由于煤炭资源分布离散造成的;积水性原因在于徐州市属于高潜水位地区,潜水位一般在地表以下1～1.5m,塌陷地积水面积较大,其中常年塌陷积水达到总塌陷地面积的15%以上,还有20%以上的季节性

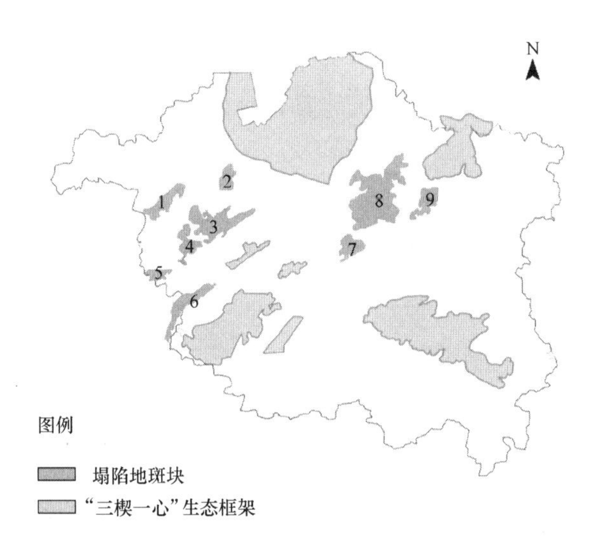

图 4-4　采矿迹地斑块分布示意图

（图片来源：作者自绘）

1—张集片区；2—垞城片区；3—庞庄东片区；4—庞庄西片区；5—义安片区；6—新河-卧牛片区；7—大黄山片区；8—贾汪片区；9—董庄片区

塌陷积水。

（2）使用现状及生态系统特征

在对徐州市煤矿区进行实地调研后发现，目前采矿迹地多处于粗放使用，或闲置待用的状态：①土地塌陷深度较浅、无积水，仍能进行简单耕作，未经统一复垦规划，被当地村民个人占用，一般存在基础设施不全，产出能力低下的问题；②部分土地因塌陷不均匀，地面高低起伏，不利于耕作而被长期空置荒废，杂草丛生；③部分村庄搬迁后的受损房屋闲置，道路中断，基础设施废弃；④部分积水塌陷地零散作为养殖鱼塘，而水体污染使得养殖存在重金属污染的隐患；⑤深积水塌陷区由于积水深度过大，长期处于自由发展状态。

从生态系统特征来看，采矿迹地内生态状况主要以人工生态系统为主，随着矿井的建设和运行，受人类活动影响，采矿导致矿区范围内出现了大面积的塌陷、积水等景观特征，采矿前的陆生生态系统转变为目前的陆生生态系统、水生生态系统及湿地生态系统的交织状态。

通过实地调研发现该研究区包含 5 种生态系统类型，即：农田生态系统、林地生态系统、水域生态系统、草地生态系统及城镇建设用地生态系统（表 4-2）。其中以耕地生态系统为主，其分布范围广泛，农作物以水稻、小麦为主，其次是林地生态系统，林业以农田防护林和路旁、沟旁、河旁、村旁的绿化为主，树种多系人工栽培的阔叶乔木，水域生态系统主要包括在区域内的河流、水塘和大面积的塌陷积水，建设用地生态系统生产、生活建筑、绿地和非农业用地有序排列，但环境污染问题严重，草地生态系统呈点状分布，比例较小。动物资源较贫乏，野生动物种类较少，多为田间野生动物种群。虽然地表植被数量减少，但水生动、植物，如芦苇、鱼、虾等种类和数量增加，一定程度上提高了区域的生物多样性。

采矿迹地内生态系统类型及特征　　表 4-2

（表格来源：《徐州市采煤塌陷地生态修复规划（2008）》）

生态系统类型	主要物种	分　布
农田生态系统	水稻、小麦、大豆、薯类棉花、花生和林果等	大面积分布于研究区
林地生态系统	杨树、柳树、刺槐、铅笔柏、白蜡条、茅草、毛谷草、蒲公英、车前草等	片、带状分布于研究区
水域生态系统	芦苇、鱼、虾等	坑塘呈片状、斑块状分布于研究区
草地生态系统	鹅观草、车前草、马齿苋等	小面积斑块状分布
建设用地生态系统	人、建筑与绿色植物	斑块状分布于研究区

从采矿迹地景观格局变化来看，采矿活动对于区域景观组成成分及构成方式等产生巨大的影响。如侯湖平等对于徐州庞庄矿周边采矿迹地历年遥感影像分析及实地调查，可以发现采矿迹地内部景观变化的一般规律：林地及农田斑块减少幅度都较大、水域斑块增加非常明显[83]。

4.1.3　徐州市GI分布及特征

（1）徐州市GI要素

根据《徐州市重要生态功能保护区规划（2011～2020年）》对徐州都市区范围内受到保护、发挥重要生态系统服务功能的生态要素进行总体梳理，包括自然保护区、风景名胜区、水源涵养地、生态公益林、森林公园等在内的重要生态功能区，成为构建徐州生态空间格局的主要要素（表4-3，图4-5）。

徐州生态空间格局的主要要素　　表 4-3

（表格来源：根据《徐州市重要生态功能保护区规划（2011～2020年）》整理）

类　别	名　称	主导生态功能
自然保护区	泉山自然保护区； 大洞山自然保护区	生物多样性、自然和人文景观，水源涵养
风景名胜区	云龙湖风景名胜区；吕梁山风景旅游区	自然与人文景观
饮用水源保护区	小沿河饮用水源保护区； 七里沟地下水饮用水源保护区； 张集地下水饮用水源保护区； 丁楼地下水饮用水源保护区； 贾汪地下水饮用水源保护区	水源水质

续表

类　别	名　称	主导生态功能
森林公园	徐州市环城国家森林公园； 北部山体森林公园； 城南山体森林公园	生物多样性、自然与人文景观
水源涵养区	小沿河水源涵养区	水源涵养、水质保护
重要湿地	废黄河重要湿地	湿地生态系统
清水通道维护区	京杭运河清水通道维护区； 房亭河清水通道维护区； 郑集清水通道维护区	南水北调东线水质保护，水源水质保护
生态公益林	汉王生态公益林	水源涵养、水土保持
煤矿塌陷地生态恢复区	潘安湖煤矿塌陷地生态区； 九里塌陷地郊野湿地区	煤矿塌陷地生态恢复与湿地生态系统维护

图 4-5　徐州都市区的重要生态功能保护区分布图

（图片来源：《徐州市总体规划（2007～2020 年）》）

从保护区的主导生态功能可以划分为：

① 以保护和复育功能为主的生态保育资源：泉山自然保护区、大洞山自然保护区、徐州市环城国家森林公园、北部山体森林公园、城南山体森林公园；

② 以休闲游憩、历史遗迹等人文价值为主的游憩资源：云龙湖风景名胜区、吕梁山风景旅游区；

③ 以保护水源为主的水源涵养资源：小沿河饮用水源保护区、京杭运河清水通道维护区、房亭河清水通道维护区、郑集清水通道维护区；

④ 以保护湿地生态系统为主的湿地资源：废黄河重要湿地；

⑤ 经过恢复后的生态资源：潘安湖煤矿塌陷地生态区、九里塌陷地郊野湿地区、大黄山森林郊野公园。

从山水格局来看，徐州市山包城、城包山，环城山体连绵起伏。城区多湖泊镶嵌城中，大运河、故黄河等河流蜿蜒穿城，是一座山清水秀，风景迷人的山水古城。主要的山体有：大洞山、吕梁山、云龙山、泉山等。河道主要有：故黄河、京杭运河、奎河、不老河。主要的湖泊有：云龙湖、九里湖、大龙湖、潘安湖、南湖等，其中九里湖、潘安湖、南湖都是基于采矿迹地恢复建成完成的。山水要素共同构成“一心三楔、多点布局”的城市绿地系统结构（图 4-6），“一心”主要指微山湖及微山湖西湿地保护区；“三楔”指以吕梁山风景区、大洞山风景区、云龙湖风景区为核心的构成的自然景观带，从城市外围将绿地渗透到中心城区，防止城市连片发展；“多点”指城市公园、森林公园等一切能够改善城市生态环境的景观。

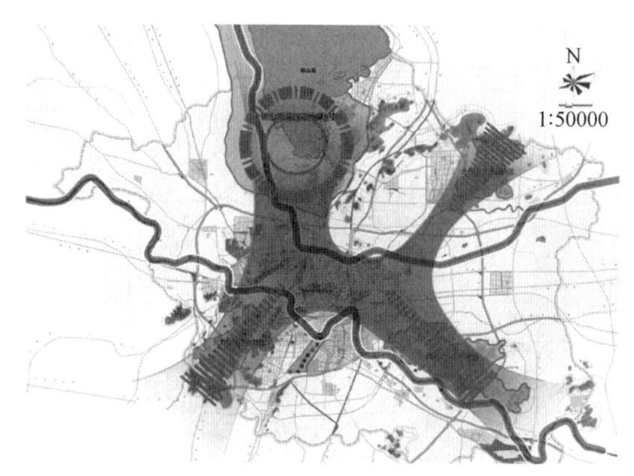

图 4-6　徐州市山水格局分布图

（图片来源：作者自绘）

(2) 徐州市生态空间保护及恢复存在问题

① 采矿迹地改变城市山水格局，导致城市生态安全面临威胁

目前徐州市因煤炭开采形成 160km^2 的采矿迹地，造成大量村镇搬迁、农田废弃、基础设施损毁，占用空间资源，生态环境恶化，但其复垦率不足 30%。从总体布局来看，徐州都市区内采矿迹地以半包围的形态分布在城市集中建成区北部，对城市向北发展形成明显制约，原本完整的生态空间被采矿活动割裂，地表形态及植被被破坏的范围广、程度深，切断了生态过程联系。故黄河、不老河等徐州市主要河流都经过塌陷区域，这些河道及其支流受到塌陷影响巨大，还有些采矿迹地濒临重要的生态功能区，如卧牛矿采矿迹地与云龙湖风景名胜区接近，董庄矿采矿迹地就位于大洞山自然保护区南端，对于徐州的生态安全格局造成严重威胁。

② 快速城镇化导致城市生态空间缩减、生态功能退化

根据城市规划部门相关资料，徐州市城市建成区的增长速度在20世纪90年代明显加快，进入2000年以后城市建设活动更加如火如荼地展开。统计2003年至2014年的建设用地数据可知，短短十年内城市建成区范围从原来的84.07km²增长到309km²，增大了将近3.6倍（表4-4），2014年主城区建设用地规模已近309km²，建设用地增长的速度呈现加速趋势，特别是在过去几年时间，徐州城市建设用地的扩展速率已经超过了22%，城市建设用地的规模已经远远超出城市总规中对于2020年建设用地的预期水平。不仅如此，在实际操作中，贾汪区、铜山城区以及各个镇区的发展也已经突破城市总体规划框架。徐州快速城镇化过程中出现了城市人口增长过快、环境恶化、城市蔓延、土地资源紧张等问题，其中主要表现为土地资源与生态安全之间的矛盾，建设用地不断向山体及其他生态用地蔓延，破坏和分割了生态用地，造成了大量生态孤岛，使得生境破碎化严重，同时引发严重的社会经济问题。

徐州市2003～2014年建成区面积变化　　**表4-4**

（表格来源：各年中国城市建设统计年鉴）

年代	2003年	2007年	2010年	2014年
建成区面积(km²)	84.07	123.6	188.4	309

③ 生境破碎化现象严重，缺乏整体的连接度

在市场经济体制下，经济利益诉求的驱动使得绿地等自然空间成为政府和开发商竞相争夺的土地，城市内部可提供的自然生态空间也越来越少。根据徐州市建成区用地构成统计，城市绿地面积仅占城市用地的6%左右[161]。徐州市城市生态空间不仅面积在缩水，同时也出现了破碎化的显著特征，徐州建成区范围内的绿地被割裂甚至消失，取而代之是镶嵌在城市中的小块人工绿地，城市绿地建设并不是基于生态调查及其生态适宜性，而是为了满足绿地建设指标下的“见缝插针”，虽然在数字上满足的规划要求，但却导致城市绿地分布出现异质、分割、不连续的破碎化状态，且人工绿化痕迹过重。此外，城市的基础设施建设、采矿活动等人为干扰使得城市生态本底遭到破坏，尤其对于城市空间发展尤为重要的城市边缘生态用地被侵蚀严重。

④ 生态空间资源管制偏重建成区，生态恢复与保护效率低

徐州市总体规划第123条指出“城市绿地指标到2020年，绿化覆盖率达到40%、绿地率达到35%、主城区人均公园绿地达到8m²，山体森林覆盖率达到90%以上”。可以看出，徐州绿地系统规划的重点仍然在建成区内，且以具体量化指标为导向，以“见缝插针”的形式布局城市绿地，长期以来对城市外围空间生态资源的保护规划与管理非常薄弱。拥有大量采矿迹地的城市边缘区或外围空

间，即非城市集中建设用地，恰恰是维持城市生态系统平衡、保护城市生物多样性、促进居民休闲交往的重要空间，但却长期受到忽视，在城市总体规划的控规层次不被涉及，很难具体管控，导致城市整体生态资源使用效率低下，采矿迹地的生态恢复效率不高，尚未从城市整体空间布局角度提升生态恢复后生态功能的最大化发挥。

4.2 采矿迹地的生态潜力

采矿迹地这样的受损生态空间，是否仍具有一定的生态潜力？答案是肯定的。由于长期废弃闲置，人为活动干扰减弱，生态系统处于自我恢复及自由发展的状态，反而形成一些新的具有较高生态潜力的重要区域（图 4-7），为许多在矿区其他地区生存受到威胁的物种提供了生存空间，为丰富矿区的物种奠定了基础[5]。

图 4-7 长期未受干扰的采矿迹地形成新的物种栖息空间

（图片来源：作者自摄）

事实上，已经有众多学者对矿区开采前后的生态系统变化进行研究，尤其是生态学家把采矿迹地作为其研究生物群落演变的“理想生态实验室”（ecological laboratories）[196]，他们通过长期生态调查，论证了采矿迹地上丰富的生物多样性和濒危物种的适应性[197]。如，Schulz F，Wiegleb G 曾研究中小规模的采矿迹地在非人为干扰下的自然演替规律及动力机制，证明采矿迹地作为自然栖息地具有较高的生物多样性，提出非人为干扰下的自然动态变化是其较优的策略选择[198]。此外一批学者长期针对德国 Lower Lusatia 矿区采矿迹地的生态活动进行研究，也强调了采矿迹地的自恢复能力及“原生演替”的优越性[199-200]。又如 Forest Research 发现采矿迹地上出现很多被列于英国生物多样性行动规划（UK

Biodiversity Action Plan）中的珍稀濒危动植物（Priority Species）种类[186]。

本研究将徐州市采矿迹地实地调研与国内外研究成果相结合，从以下三个角度阐述采矿迹地的生态潜力。

4.2.1　独特的生境条件

采矿后土壤结构及水体成分都会发生变化，如水体酸化及土壤重金属含量超标。但一些特殊植被反而对采矿后的这种环境改变具有极大的适应能力，对 pH 值呈酸性或某类金属含量高的土壤耐受能力很强[186]。柳枝稷（Switchgrass）便是这样一类植被，它是采矿迹地上建立生物能源基地的优选植被，其可以适应污染后的土地环境，每年可以收获一次以上，且十年才需要再重新种植一次，这种生物能源种植不仅仅带来经济效益，而且通过碳隔离（carbon sequestration）提高空气质量，通过营养吸收净化水体，通过土壤重构来恢复土地功能[201]。在调研过程中，徐州采矿迹地水陆结合的生态系统，尤其是塌陷水体及湿地为很多物种提供了新的生存空间，形成了水生植物群落、湿生草本植物群落，其中水生植物群落以芦苇群系和香蒲群系为主，是东部平原地区常见的沼泽芦苇生态系统（图 4-8），具有芦苇、香蒲等挺水植物，槐叶萍、荇菜等浮水植物，是构成水禽类动物栖息场所的重要植被。

图 4-8　徐州采矿迹地自然演替下的植被生长

（图片来源：作者自摄）

4.2.2　湖面及湿地水体

露天开采或浅水位地区地下开采形成的水体（湖、溪流、池塘及湿地），为海狸，麝鼠，水鸟等水生物种提供了极好的栖息场所（表 4-5），许多采矿迹地恰恰位于水禽迁徙廊道上，具有重要的辅助物种迁徙作用。Dietrich 也阐述了采矿迹地作为鸟类栖息地的重要潜力和作用[202]，并提出如何对采矿迹地地形进行微改造，促进鸟类栖息生境的完整。在徐州采矿迹地的生境调研过程中，也发现动物的栖息地主要集中在水域附近，鸟类是塌陷区域内的主要物种类型，部分区域出现啄木鸟、金腰燕、红尾伯劳等鸟类。

矿区水体栖息地场地特征及发现的鸟类物种 **表 4-5**

（表格来源：根据文献［203］改绘）

矿区水域栖息地类型	场地特征	鸟类物种
大型休憩水面 (Large rest-holes)	深水区、陡峭边坡、稀少的水生及水岸植被，多为 pH2.1～4.5 的酸性水	红嘴鸥(Black-headed Gull)， 地中海欧(Mediterranean Gull)， 银鸥(Herring Gull)， 东黄腿鸥(Eastern Yellow-legged Gull)， 西黄腿鸥(Western Yellow-legged Gull)， 普通海鸥(Common Gull)， 普通海燕(Common Tern)
小型水体 (Small water bodies)	浅水滩、作为临时栖息地、具有水生植被及芦苇带、大多数为 pH5～7 的中性水体	白头鹞(Marsh Harrier)， 大苇莺(Great Reed Warbler)， 欧洲鹤(European Crane)
溪流(Streams)	仅仅为临时停靠点、部分水体受到酸性矿井排水污染而富含铁等有害物质	无固定鸟类

4.2.3 废弃的矿井空间

场地景观异质性或不稳定性越高，选择其作为栖息地的濒危物种将越多（图 4-9）。采矿迹地的特殊场地条件被认为非常适合作为特殊的生态涵养场所。开采形成的地下空间（竖井、隧道、平硐）为鸟类、爬行动物、昆虫和哺乳动物、大多数种类的蝙蝠等野生物种提供适宜的栖息场所。比如，废弃地矿井的空间条件非常符合蝙蝠栖息的环境要求：大型、复杂的地下环境；地下空间互相联系；具有多而分散的表面出口及足够流畅的空间流动。据统计，美国 62%的蝙蝠种类栖息在废弃矿井中，因此要求在封闭井口，或对闭矿设施采取安全措施、进行生态修复规划时，必须考虑这些矿井是否存在珍稀物种[204]。

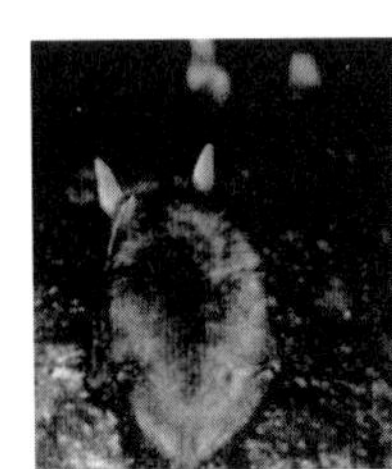

图 4-9 采矿迹地上的野生动物（从左至右：蝙蝠、鳟鱼、红嘴鸥、瑞典驯鹿）

（图片来源：引自文献［180］）

通过对徐州市采煤塌陷地的实地踏勘，虽然我们无法做到详细地对采矿巷道等地下空间、是否有濒危物种等方面的专业调查，但从现场调查来看，塌陷积水是城市不可多得的生态潜在资源，尤其是浅表积水或季节性积水形成的湿地生态系统经过整治将发挥较大的生态系统服务功能。但通常离城市较近的、位于城乡接合带的采矿迹地生态环境较差，如九里区庞庄东、西片区塌陷地；远离城市的采矿迹地由于受到人为干扰较小，形成较多生态质量较好的生境，作为生态涵养及栖息的潜力较大。

4.3　采矿迹地与GI的空间关联性

从总体分布来看，采矿迹地斑块面积从几百公顷到几千公顷不等，最小的义安片区 473hm²，最大的贾汪片区面积达 5906hm²。其斑块形状各异，有较为均衡中心集聚的庞庄东、西片区、贾汪片区，也有带状斑块，如卧牛片区及张集片区，斑块的边缘较为平整，这些斑块的形成与徐州地下煤炭资源的分布有关，较为离散，相互独立，与现有的GI重要源斑块穿插分布在城市建成区的边缘及外围空间。由于徐州已经处于煤炭资源枯竭阶段，不会有新的塌陷斑块出现，但仍有部分采矿迹地的塌陷面积会继续扩大，在未来斑块的面积及形状会发生一定变化。

采矿迹地与煤炭城市GI的空间关系，与其城市建设空间类型、煤炭开采阶段相关。城市GI结构一般分为环绕型、楔入型、绿心型、带状相连型等（图4-10）。其中徐州市、滕州市的建成区集中，GI以结构环绕型和楔入型为主，淮北、永城、枣庄等多中心城区的煤炭城市GI结构易形成绿心型结构，连片带状型城市以鱼骨型的GI结构为主。如果能基于这些GI基本构架，将采矿迹地生态恢复为人工湿地、自然保护地等生态空间，以增加新生态斑块、增大源斑块面积、增加斑块之间连接度的方式加强GI已有空间关系，则能够促进煤炭城市生态空间的完整性及连接度。

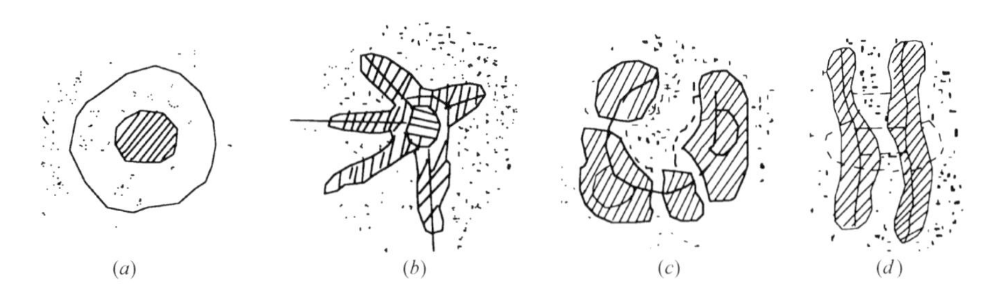

图4-10　城市GI的基本结构

（*a*）环绕式；（*b*）楔入式；（*c*）核心式；（*d*）带形相接式

（图片来源：作者自绘）

徐州市自然资源比较丰富，GI结构属于典型的楔形结构。《徐州都市区规划(2009～2030年)》提出要从城市以云龙湖、云龙山为核心的生态格局，转变为更大范围内的“一心、三楔、多点、多廊道”的空间景观体系。其中从现状看，已经受到保护的 GI 元素是“一心”、“三楔”及“两廊道”。“一心”是微山湖及微山湖西湿地保护区；“三楔”是吕梁山风景区、大洞山风景区、云龙湖风景区三大生态绿地渗透源，将生态景观引入城市；“两廊道”是指故黄河、京杭大运河及其两边防护带。规划中将九里湖及潘安湖湿地也作为未来重要的生态源地，纳入到远期规划中，虽然经过治理的塌陷湿地公园已取得一定生态、社会效益，但其周边大部分采矿迹地仍处于闲置或低效利用状态。若能以九里湖为中心将庞庄片区塌陷地以“绿楔”形式作为城市西北部绿色屏障，同时通过潘安湖湿地及其周边绿地联系贾汪城区与主城区，将进一步完善“四楔一心”的基本城市生态空间结构（图 4-11、图 4-12）。当然，这些片区的采矿迹地是否最适宜补充、完

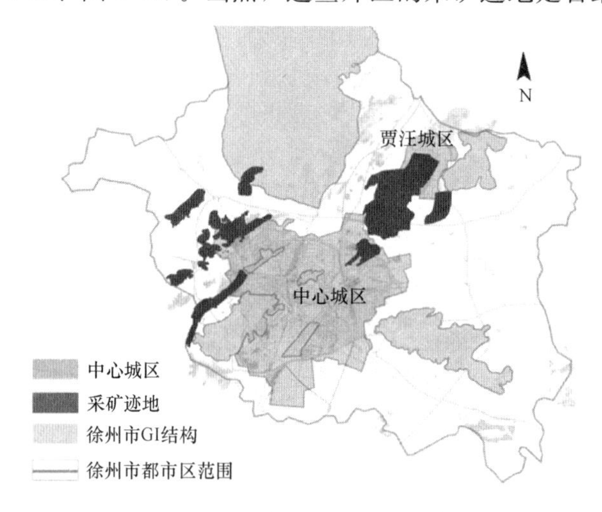

图 4-11　徐州采矿迹地与 GI 空间关系

（图片来源：作者自绘）

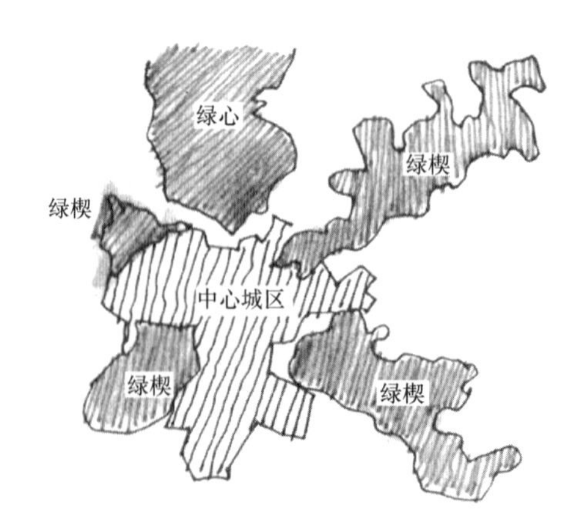

图 4-12　采矿迹地纳入 GI 后的新生态空间格局预景

（图片来源：作者自绘）

善城市 GI 结构，哪些土地应优先纳入 GI 系统，还需要科学的评价与论证，本文下一章将提供一种快速简便的方法对不同采矿迹地斑块完善城市 GI 的适宜性进行评价，选择自身生态质量及生态潜力最高且在整个 GI 结构中位置最关键的地段纳入徐州市整体的生态空间结构规划中。

4.4　采矿迹地与 GI 的功能关联性

理顺采矿迹地与 GI 的功能关系，有必要从采矿迹地生态恢复后所发挥的生态系统服务来分析二者的关系。GI 最基本的生态系统服务功能可以归纳为四个方面：供应服务功能、栖息地支持功能、调节功能、文化服务功能，农林地、湿地、草地、水域等在内的不同生态恢复目标下的采矿迹地生态恢复，为丰富 GI 的生态服务功能做出巨大贡献（表 4-6）。从以下四项生态功能分析采矿迹地与 GI 的关系。

不同采矿迹地生态恢复模式发挥的主要生态系统功能　　　　表 4-6

（表格来源：作者自绘）

生态恢复模式(Restoration Objectives)	供应服务功能(Provisioning Services)	栖息地支持服务(Habitat or Supporting Services)	调节功能(Regulating Services)	文化服务功能(Cultural Services)
农地	√		√	
林地	√	√	√	
牧场	√		√	
草地/灌丛		√	√	√
湿地/沼泽地		√	√	√
自然保护区		√	√	
湖区		√	√	√
休憩地(公园、高尔夫球场)			√	√
能源基地	√		√	
酸性水污染河流		√	√	

4.4.1　供应服务功能

将采矿迹地恢复为农地及林地实现了 GI 的供应服务功能，这些土地为人类提供了食物、木材等自然资源，是人类社会发展的基础，农林用地生态修复是世界上最普遍的采矿迹地生态恢复目标。根据我国《土地复垦条例》（2011）要求，我国复垦土地的利用方向以农用地为主，其中以耕地和水产养殖为主要的利用途径。同样在发达国家，战后英国超过 50%的采矿迹地被恢复为农业用地[198]，德国 Lusatia 露天矿区产生的陆上采矿迹地 85%都被用于森林或农业的用途。此外欧美政府鼓励下在采矿迹地上建立的新能源基地也为人类持续提供能源。

农林用地也是徐州市土地复垦的主要方向。徐州最早的采矿迹地土地复垦治理起步于 1998 年，铜山县柳新镇是全国最早的三个采煤塌陷地农业综合开发复垦国家级示范区之一。土地整理及复垦重大项目主要以优先安排农业用地为主，目前全市已复垦农田 7300hm^2，其中建成“田成方、林成网、沟相通、路相连”的高质量耕地 5000 hm^2，养殖鱼塘 1000 hm^2。仅 2009～2011 年间，就在铜山区、贾汪区、沛县开展了 38 个采煤塌陷地复垦项目，项目规模达到 2074hm^{2}⑦。

4.4.2 栖息地支持功能

在采矿迹地上建立野生栖息地和自然保护区是充分尊重场地自然力量、保护其自然演替过程的结果，对于丰富区域生物多样性有积极作用。这种生态恢复途径在发达国家较为普遍，而我国单纯将采矿迹地作为自然保护区并不常见。在德国 Lower Lusatia 露天褐煤开采地区，约 15%的陆上废弃地被划定为自然保护区[198]，LENAB 相关组织对这些野生栖息地进行跟踪调研得出，采矿迹地上自然演替形成的新生境，在生态系统功能和视觉景观方面并不比同区域未受开采干扰地区差[4]，因此在国外生态修复中更强调自然演替的力量，保护采矿迹地上形成的新的生态系统和栖息物种。

此外，矿井酸性排水污染河流的治理对重新连接分散栖息地、疏通物种迁徙通道起到积极作用。水中高指标的硫酸盐，铝、铁、锰等金属成分导致鱼类无法生存或完成迁徙，美国的 Trout Unlimited（TU）机构针对近 26000km^2 的污染水系从区域景观角度展开项目，重新联系这些河流，重建鱼类或鸟类迁徙通道，从区域范围减少了生物多样性减损的可能，而这些河流作为 GI 系统的连接廊道，生态恢复后重新联系孤岛网络中心，对 GI 系统的完整性构建意义重大。

通过采矿迹地生态恢复建立的徐州市九里湖塌陷湿地公园、潘安湖湿地公园作为城市游憩、教育的郊野公园，为城市提供了较大的栖息地支持功能。其中潘安湖形成的城市湿地系统已经相对稳定，湿地恢复与建设的规模也不断扩大，因此 2013 年被列入国家级湿地公园，区内大面积水生芦苇、蒲草、香蒲地，设立长约 1km 的观鸟栈道，布置 200 个室外观鸟望远镜，可容纳近千人观鸟游览，周边为水禽、鸟类生长栖息繁衍场所，也成为徐州市生态教育的重要基地（图 4-13）。

---

⑦ 数据来源于《徐州市工矿废弃地复垦规划》，2012。

图 4-13　潘安湖湿地公园内景

（图片来源：作者自摄）

4.4.3　调节功能

采矿迹地生态修复后对区域生态环境有积极调节作用，比如改善区域气候及空气质量、碳吸收及储存、防止土壤侵蚀、通过植被增加土壤肥力、促进植物授粉过程等。除此之外，采矿迹地上湿地的建立还对废水净化和处理有明显作用，对于位于洪水高发地区，将采矿迹地变为绿色开敞空间是防止洪水、风暴等极端事件的适宜的生态恢复模式。

其中湿地对于城市生态系统的调节作用尤为重要。如上所述，塌陷湿地水域不仅可以为水禽和水鸟提供高价值的栖息地，更重要的是矿区的污染物负荷可以通过湿地的生态过程及其中微生物矿化过程加以消除，这种自然的生态恢复和清洁过程将带来可持续的、低成本维护的后矿业景观。在美国怀俄明州，大约有 300 块湿地是在美国国家采矿迹地生态恢复基础上建成的[156]。国内外众多学者纷纷对湿地在采矿迹地生态恢复中的作用机理进行研究。M. Kalin 研究得出湿地沉淀物所能达到的污染物移除率，以及达到此效率所需的湿地面积和碳供给[205]。

林振山等分析了徐州市塌陷地改造与构造湿地存在的巨大潜力，强调塌陷湿地对于污水尾水的净化作用，建议根据徐州市塌陷地现状特征[206]，建设养殖型构造湿地、景观型构造湿地和净化型构造湿地。估算徐州都市区内约 4700～5300hm^2 塌陷地为常年或季节性积水，如果建 2000hm^2 芦苇湿地，即可以处理目前徐州每日产生的 30×104t 尾水。

4.4.4　文化服务功能

采矿迹地并不都位于人烟稀少之地，与城镇空间毗邻的采矿迹地常常作为公园、体育场、高尔夫球场、钓鱼水域等休憩用地，承担了更多的社区服务及文化娱乐功能。Peter Wirth 等认为从地形地貌角度，采矿迹地往往给徒步行走、自行车等其他体育和旅游项目提供了特殊的地形[207]。在鲁尔区，从 1923 年鲁尔煤区社区联合会（SVR）提出“区域公园”概念，到 1985 年鲁尔区地方联合会（KVR）提出“鲁尔区开敞空间体系”规划，创建和维护开敞空间网络是一直是鲁尔区各方努力的目标。其中作为社区休闲地的森林面积不断提高，尤其是临近社区的大于 15hm^2，并在城市带 30min 步行路程之内的森林，总数达到 80 个，总面积 1.5 万 hm^2，其中一半位于城市之内，其休闲功能的重要程度远远超过了森林本身的价值[208]。

徐州潘安湖、九里湖、小南湖等塌陷湿地公园作为城市郊野公园，在人们越来越重视生存环境和生活质量的今天，成为众多市民游憩、运动、休闲的最佳选择。同时一系列大型的公众互动活动在潘安湖湿地公园举行，如国际音乐节、长跑竞技赛、影视拍摄活动、农家乐民俗表演等，极大丰富了市民生活（图4-14），同时为徐州城市形象的重塑及城市乡村旅游业的发展打造了品牌。此外，采矿迹地向城市 GI 的转变是区域复兴的触媒因素，这些游戏场地、公园等绿地空间不仅仅能够促进邻里关系更具有吸引力，建立起社区的认同感和归属感，更重要的是可以通过环境改善增加周边地产价值，通过增加地价可以吸引新的产业和就业机会，为城市增加税收。因此，将采矿迹地恢复为绿色空间被认为是一种经济有效的生态恢复策略。

图 4-14　潘安湖湿地公园举办的各类市民活动

（图片来源：网络）

4.5　本章小结

本章分析了徐州市采矿迹地及 GI 的分布状况及特征，剖析徐州生态空间存在的问题，同时也论证采矿迹地作为城市生态空间的巨大潜力，从生态结构及功能两方面分析采矿迹地与 GI 的关联性，主要结论如下：

（1）徐州市生态空间存在以下问题：①采矿迹地改变城市山水格局，导致城市生态安全面临威胁；②快速城镇化导致城市生态空间缩减、生态功能退化；③生境破碎化现象严重，缺乏整体的连接度；④生态空间资源管制偏重建成区，生态恢复与保护效率低。

（2）徐州 GI 结构呈现“一心三楔”结构，采矿迹地恢复为生态用地，将可以通过增加斑块面积、优化斑块形状、增加斑块间的连接度等方式优化和完善现有的 GI 结构。

（3）通过文献分析及徐州塌陷迹地的实地调研，证明采矿迹地在长期无人干扰状态下往往具有较大的生态潜力，为丰富物种多样性提供了可能。

第5章 城市GI引导的采矿迹地生态恢复评价模型设计

我国传统意义上的土地复垦偏重耕地恢复目标，局部治理工程与城市整体生态重建目标结合不紧密，未能发挥出最大的生态效益。而城市GI引导下的采矿迹地生态恢复的核心任务，就是在城市GI优化的区域整体目标下，对采矿迹地进行空间上的划分和安排，回答哪些采矿迹地对完善GI系统的贡献度高、适宜纳入城市GI？应该优先恢复哪些采矿迹地才能够达到整体生态恢复效率的最大化等问题。这些问题的答案将为下一步土地复垦和生态恢复项目的展开提供宏观引导性、限制性框架。

上一章明确了采矿迹地与GI在空间结构及生态功能上的关系，提出了徐州市生态空间存在的问题，那么面对这些问题，应该确定怎样的具体目标来实现GI引导下的采矿迹地生态恢复呢？本章将在明晰生态恢复目标的前提下，建立一种基于生态重要性评价及景观连接度评价的生态恢复区划评价模型。

5.1 技术路线及数据处理

5.1.1 研究思路及技术路线

目标设定是展开生态恢复评价的第一步。顾名思义，“GI引导下的”采矿迹地生态恢复的总体目标就是实现城市GI系统的优化，但从哪些方面来优化GI系统，通过哪些指标表征GI系统的优化程度？这些需要将总体目标具体化，依据不同煤炭城市生态空间发展及矿区生态重建的问题和要求来具体设定。根据徐州市生态空间存在结构调整、连接度差等问题，将本研究中采矿迹地生态恢复的分目标设定如下：

（1）增加城市GI结构中的生态斑块；

（2）扩大原有GI生态斑块的面积；

（3）增加城市GI结构的整体景观连接度。

前两个目标对采矿迹地本身的生态适宜性提出要求，采矿迹地生态重要性及生态潜力越高，越适合作为城市GI斑块或补充GI斑块；后一个目标反映了采矿迹地斑块对于增加城市GI整体景观连接度的作用，这与采矿迹地在原有GI

结构中所处的位置有关。因此，要实现以上目标必须综合考虑采矿迹地场地本身属性（local attribute）及其与周边景观格局（landscape pattern）的关系。

如上所述，GI引导下的采矿迹地生态恢复不仅强调土地本身的生态属性，更强调土地在整体城乡区域空间的景观位置。众多生态学家已经证明，生态恢复项目成功与否的限制因素（constraints），更大程度上与其所在的区域景观环境息息相关。因此，本研究将体现采矿迹地内部生态属性的生态重要性评价模型与体现其外部生态位的景观连接度评价模型结合起来，以完善城市GI为目标，研究采矿迹地块本身生态质量及生态用地适宜程度，及其对维持城市GI景观连接度的重要程度，建立一种简洁、易操作的采矿迹地生态恢复区划评价及区划方法，该方法认为采矿迹地斑块生态重要性越高，且对于增加城市景观连接度贡献度越大，越应该被纳入城市GI空间，而避免作为建设用地。具体步骤如下（图5-1）：

Step1 数据处理：解译Landsat8遥感影像（2013.6），得到土地利用现状图及归一化植被指数覆盖图；

Step2 识别采矿迹地斑块以及城市生态源斑块；

Step3 建立采矿迹地生态重要性评价体系和指标权重、完成采矿迹地生态重要性综合评价；

Step4 确定距离阈值、完成采矿迹地维持景观连接度的重要程度评价；

Step5 综合步骤3及4的评价结果，确定采矿迹地生态恢复区划及时序；

Step6 提出区划管制策略。

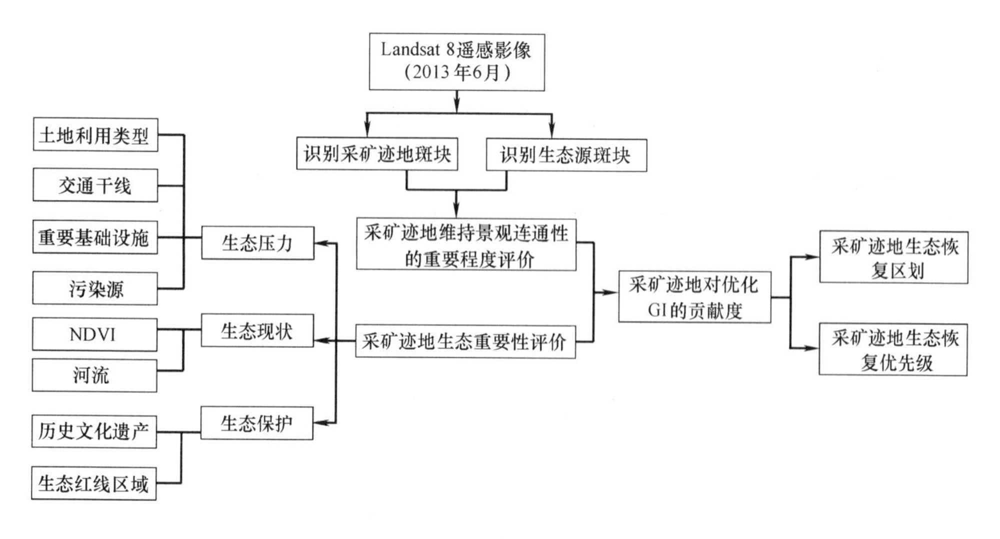

图5-1 技术路线图

（图片来源：作者自绘）

5.1.2 数据来源及处理

(1) 数据来源

本文所采用的数据包括图形数据及城市基础资料数据。

① 图形数据：2013 年 6 月 Landsat-TM 卫星遥感影像（空间分辨率 30m）、徐州都市区 1∶50000 地形图、2012 年徐州市采煤塌陷区分布图。

② 基础资料：《徐州市总体规划》(2007～2020 年，2014 年修编)、《徐州市都市区规划》(2010～2030 年)、《徐州市土地利用总体规划》(2006～2020 年)、《徐州市工矿废弃地复垦调整利用专项规划》(2012～2015 年)、《徐州市采煤塌陷地生态恢复规划》(2008 年)、《徐州市绿地系统规划》(2005～2020 年)、《徐州市重要生态功能保护区规划》(2011～2020 年)、《徐州市清风廊道规划》(2014 年）等。

本研究统一采用高斯投影（Gauss Kruger）和 WGS1984 坐标系。研究所采用的处理软件为：ArcGIS10.2、ENVI5.1、ConeforSensinode 2.6，YaahpV7.5。

(2) 数据处理

① 遥感影像解译

本书根据研究需要利用 ENVI5.1 软件，采用监督分类与非监督分类相结合的方法，对 Landsat-TM 卫星遥感影像（2013 年）进行解译，获取徐州市都市区的土地覆盖类型图，将研究区域划分为水域、林地、耕地、草地、城镇建设用地 5 种土地类型[⑧]（表 5-1，图 5-2），重点在塌陷区域选择样本点，通过高分辨率影像比对和外业核查，分类影像精度达到 87%。同时利用该软件获取归一化植被指数图（NDVI）(图 5-3)。

采矿迹地土地类型面积及比例 **表 5-1**

（表格来源：作者自绘）

土地利用类型	面积(hm^2)	比例
林地	722.43	4.8%
草地	99.47	0.1%
耕地	5723.91	37.9%
水体	4108.24	27.7%
建设用地	4456.13	29.5%

⑧ 按照《土地利用现状分类标准》(GB/T 21010—2007)，土地被划分为耕地、园地、林地、草地、商服用地、工矿仓储用地、住宅用地、公共管理与公共服务用地、特殊用地、交通运输用地、水域及水利设施用地、其他土地 12 大类，但根据研究需要，同时参考《生态环境状况评价技术规范》(HJ 192—2015) 中生境质量指数的土地利用类型划分，将采矿迹地划分为林地、草地、水域、耕地、建设用地 5 类。

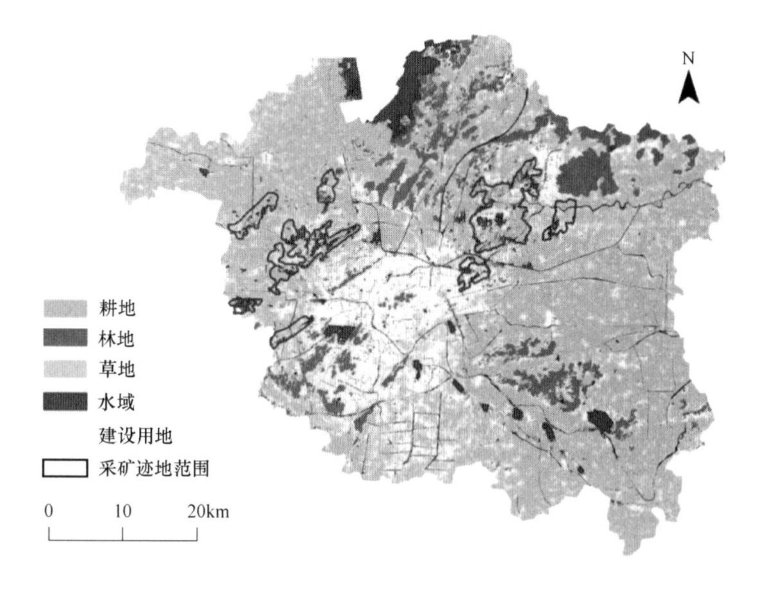

图 5-2　土地类型分类图

（图片来源：作者自绘）

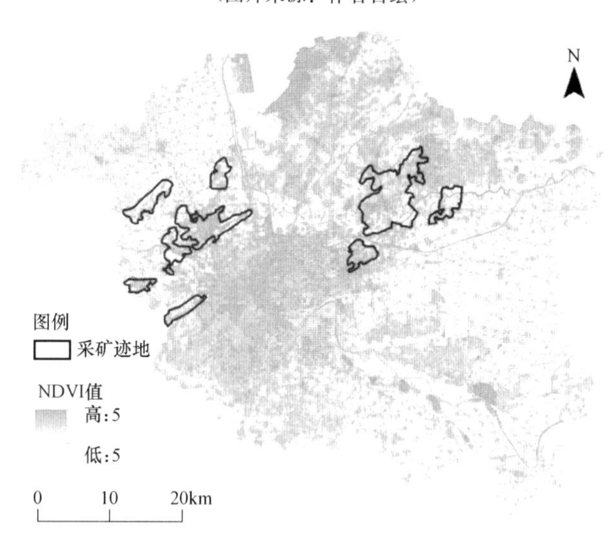

图 5-3　归一化植被指数图（NDVI）

（图片来源：作者自绘）

对于各类规划基础资料，在后期研究中需要对数据进行矢量化及几何校正，匹配统一的空间参照进行坐标配准，最终本研究以遥感影像数据坐标为准（WGS1984），栅格数据统一采用 30m 分辨率，以徐州市都市区为边界建立图形数据库。

② GI 重要斑块识别

城市的 GI 网络是基于以上重要生态功能区和基本山水格局建立起来的。其中 GI 的生态源斑块是乡土物种的主要栖息地，是物种扩散和维持的源头，对其识别是 GI 格局构建过程中的关键步骤。一般从生物多样性丰富程度与生态系统服务功能的重要性来判别重要斑块的位置[210]，归结为两种方法：一种采用直接识别法，主要选取自然保护区、风景名胜区等重要生态功能区的核心部分[211]，另一种为构建综合评价指标体系来判断斑块的位置与重要性[212]。

由于本文重点在于定量研究采矿迹地与城市 GI 的关系，GI 源斑块是作为基础数据出现的，因此采用第一种更为迅速简洁的方法，直接识别徐州市的重要生态源斑块。基于土地覆盖类型图与归一化植被指数图，参考前人对于 GI 网络构建的相关研究成果[213-214]，以及徐州市重要生态功能区的边界，根据前人研究的经验值选取适宜的面积门槛，并运用归一化植被指数对其进行校正，获取重要源斑块。确定选取标准如下：

① 以城市重要生态功能保护区为主；

② 面积大于 50hm^2；

③ 归一化植被指数大于 0.3。

最终确定徐州市都市区内重要生态源斑块 28 个，总面积约 3.6×104hm^2，占研究区总面积的 11.4%。同时，徐州市 9 个采矿迹地片区，总面积约 1.5×104hm^2，占研究区总面积的 4.8%。GI 重要斑块与采矿迹地的空间位置如图 5-4 所示。

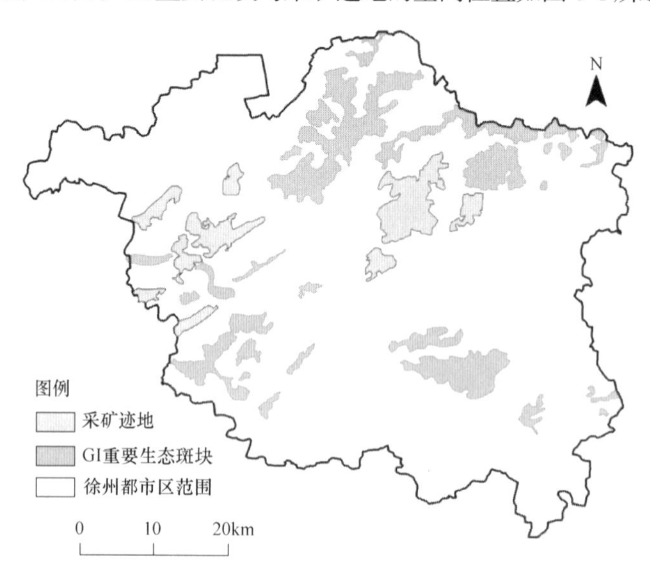

图 5-4 徐州市 GI 重要斑块识别图

（图片来源：作者自绘）

5.2　内部：采矿迹地生态重要性评价模型

5.2.1　生态重要性概念

生态重要性是指生态系统或生态空间对于维持区域生态平衡、防止生态恶化或退化的重要程度，基于适宜性评价的生态重要性模型，是识别城市重要生态空间保护范围的基础方法。生态重要性评价的内容集中体现在生态敏感性与生态适宜性两个方面。

5.2.2　模型介绍：PSR模型

本研究中将采用PSR模型进行生态重要性评价，PSR模型是压力（pressures)-状态（state)-响应（responses）的简称，PSR模型最初由加拿大统计学家Rapport和Friend（1979）年提出，随后被联合国（UN)、经济合作与发展组织（OECD）等国际机构采用，“压力”是指是社会、经济发展过程中由于人类开发自然资源和使用土地而引起的物理环境的变化。这些人为产生的环境压力在自然界中通过转移、转化，最终导致生态环境的改变，这里可以理解为矿业开采活动及人类建设活动对采矿迹地生态环境的影响导致的结果。“状态”主要通过定量指标来描述生态环境的物理状态，包括植被生长状况、水文现状等。“响应”所体现的是社会（团体、个人）和政府通过意识和行为阻止、补偿以及为适应环境现状的变化所采取的应对措施。这里包括人类对于重要自然及人文资源采取的主动性保护措施和政策规划。

5.2.3　评价体系构建及指标选择

本研究按照整体性、层次性及可操作原则，参考相关生态评价体系，分别选择压力指标、状态指标和响应指标，构建徐州市采矿迹地生态重要性评价指标体系（图5-5)，其中目标层A：采矿迹地生态重要性指数；指标层B：压力指数、状态指数、响应指数；指标层C：土地利用类型、交通干线、重要基础设施、污染源、NDVI、河流湖泊、历史文化遗产、重要生态功能保护区8项，其中交通干线、重要基础设施及污染源属于反向指标，反映采矿迹地受到人类干扰的程度。评价过程由下及上，通过指标层的基础数据计算结果，通过加权总和得到目标层的生态重要性指数。

(1）生态压力指标

①土地利用类型

不同的土地利用类型一定程度上可以反映土地受到的外界干扰程度。水域、

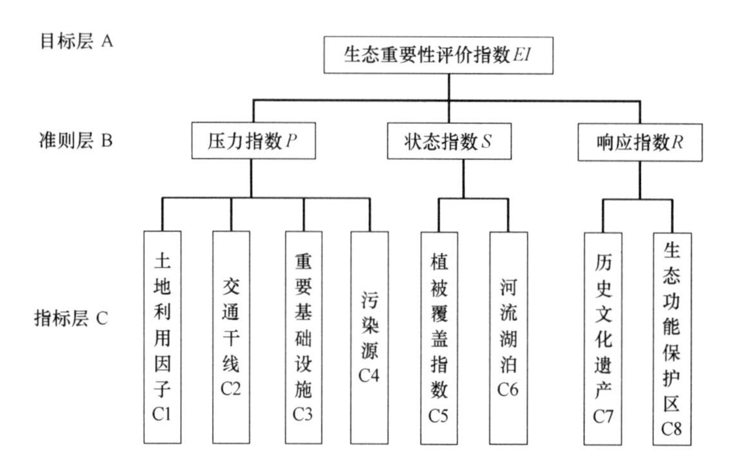

图 5-5 徐州市采矿迹地生态重要性评价体系

（图片来源：作者自绘）

林地、耕地、草地、城镇建设用地 5 种土地类型分别代表不同程度的生境质量，根据《生态环境状况评价技术规范》（HJ 192—2015），从高至低林地、水域、草地、耕地、建设用地的生境类型分权重分别为 0.35，0.28，0.21，0.11，0.04，林地最高，建设用地最低。其中林地与水域都是城市重要的生态资源，起到调节小气候、保护生物多样性、维持良好生态环境的作用，是城市 GI 系统重要的组成部分，生态价值相对较高。

② 交通干线

交通干线与下文的重要基础设施、污染源都是作为影响生境质量的风险因素出现的，这些风险因素是指生境所处基质中受到人类的干扰与威胁，不同干扰风险源的类型及作用强度直接影响生境质量，这 3 个指标都属于反向指标，即离交通干线、重要基础设施及污染源越近，生态压力指标就越大，采矿迹地的生态质量也越低。由于矿区工业生产运输的特征，采矿迹地及其周边往往拥有发达的交通系统，除一小部分邻近闭矿工业广场的铁路闲置，大部分主要交通干线仍在运行。

③ 重要基础设施

重要基础设施作为生境干扰源之一，主要指燃煤电厂、余热再利用电厂、燃烧垃圾电厂等各类电厂及高压走廊，原来的矿区往往也是城市重要的能源输送基地，工业广场附近往往还配套有燃煤热电厂，煤炭资源枯竭导致矿井关闭，但大多数的电厂仍依靠省外运输煤炭而运营良好。高压走廊分 500kV 线路及 200kV 线路，本研究中仅选取 500kV 线路作为风险源，从徐州都市区电力工程规划图中可以看出，庞庄西片区及垞城片区、贾汪片区南端有较多的高压线经过。

④ 污染源

污染源也是干扰风险扩散的重要因素，本研究主要选取工业用地、煤矸石山、垃圾填埋场、污水处理厂等为污染源，尚未考虑不同类型污染源对于不同类型生境威胁程度的差异。污染源主要包括贾汪工业园区、九里工业园区、各矿井煤矸石山、庞庄建筑垃圾堆积厂、丁万河污水处理厂、贾汪污水处理厂等。

（2）生态状态指标

① NDVI

植被生长情况是最能反映土地目前的生态质量现状指标之一，植被覆盖度与土地生态质量呈直接正比关系。NDVI（Normalized Difference Vegetation Index）指数全称为归一化植被覆盖指数，是基于遥感影像进行植被研究中最常用的一类指数，能够反映植被覆盖度、植被生长状态及营养信息，是描述生态系统基本特征的重要参数之一，被广泛运用于生态环境评价、地球环境监测等领域。

② 河流湖泊

河流、湖泊等水体在改善城市环境质量、维持正常水循环等方面发挥着重要作用。采矿迹地内部水域的丰富程度决定了其生态质量的高低，水系越丰富、河流的等级越高，则采矿迹地作为城市 GI 用地的适宜性越大。比如庞庄东采矿迹地斑块内有故黄河流经，还形成了故黄河湿地景观带，京杭大运河的主要支流不老河流经大黄山采矿迹地斑块以及董庄采矿迹地斑块。

（3）生态响应指标

① 历史文化遗产

采矿迹地内及周边分布的历史文化遗产，也能够反映其适宜作为 GI 用地的程度。如白集汉代画像石墓，韩桥煤矿工业遗产等坐落在贾汪采矿迹地片区内。贾汪从清光绪八年（1882 年），胡恩燮在贾汪掘井建矿至今，具有百余年的煤炭开采史，至 2001 年 11 月和 2008 年 2 月，夏桥矿、韩桥矿相继关井，闭矿后留存丰富工业遗产，包括国民党部队起义旧址（日建办公楼）、民国水塔、日建碉堡、三座井架、老烟囱等遗迹。场地上先后发生了煤矿开采，反抗官僚、资本家罢工，抗争日本帝国主义侵略、剥削和凌辱，以及国民党第三绥靖区起义等重大事件。2011 年 12 月，该旧址被江苏省政府公布为江苏省文物保护单位。

② 重要生态功能保护区

该区域界线的划定是政府对人类持续不断的生态破坏行为所采取的响应措施。这些区域必须具有重要的生态系统服务功能，对保护生物多样性和城市生态安全格局发挥重要作用，徐州市重要生态功能保护区规划由徐州市环保局委托相关单位编制，各保护区通过划定明确边界和功能进行严格的保护管控，是制定其他规划的基础。本研究选取能够缓冲影响到采矿迹地的自然风景区、风景名胜区、森林公园、重要湿地等生态功能保护区，如废黄河重要湿地与庞庄西片区相重叠，潘安湖塌陷湿地及九里湖塌陷湿地也以点状分别位于贾汪片区与庞庄东片区。那么这些片区则在该指标上具有较高的生态重要性评价分值。

由于 8 个定量指标的量纲不一致，无法进行直接评价比较，即使是同一个指标，也会因为具体标准的缺失导致其无法量化，因此必须对指标因子进行标准化处理。本研究参考前人对于生态敏感性、绿地生态适宜性、建设用地生态适宜性等研究成果，结合专家反馈与数据重分类等方法对每一个指标图层数据进行标准化，对其分类分级，将每个因子依据一定分类标准分为不同的属性值段，每个具体属性值段对应一个等级，评价分值采用 1、2、3、4、5 五个分值指数，即分值越高，采矿迹地生态重要性指数越高（表 5-2），最终得到 8 张单因子要素分级图。

采矿迹地生态重要性评价指标的分级依据　　表 5-2

（表格来源：作者自绘）

影响因素	评价指标	分类条件	评价分值	分级依据
生态压力	土地利用类型	林地	5	根据《生态环境状况评价技术规范》(HJ 192—2015)中表征生境质量指数的各生境类型的权重大小确定，林地最高，建设用地最低
		水域	4	
		草地	3	
		耕地	2	
		城镇建设用地	1	
	交通干线	大于 1000m 缓冲区	5	参考 2010 年徐州市都市区交通体系现状图，缓冲区划分标准参考文献[215]
		500～1000m 缓冲区	4	
		200～500m 缓冲区	3	
		100～200m 缓冲区	2	
		0～100m 缓冲区	1	
	重要基础设施	大于 75m 缓冲区	5	根据《城市电力规划规范》(GB/T 50293—2014)高压线规划走廊宽度划定缓冲区
		40～75m 缓冲区	3	
		0～40m 缓冲区	1	
	污染	大于 800m 缓冲区	5	参考 2010 年徐州市都市区环保环卫规划图，将工业用地、煤矸石山、垃圾填埋场、污水处理厂设置为污染源，进行了统一的缓冲区划分[216]
		500～800m 缓冲区	3	
		300～500m 缓冲区	2	
		0～300m 缓冲区	1	
生态现状	植被覆盖指数	0.6＜NDVI＜1	5	等级划分标准参考文献[215]
		0.4＜NDVI＜0.6	4	
		0.2＜NDVI＜0.4	3	
		0＜NDVI＜0.2	2	

续表

<table>
<tr><th>影响因素</th><th>评价指标</th><th colspan="2">分类条件</th><th>评价分值</th><th>分级依据</th></tr>
<tr><td rowspan="8">生态现状</td><td rowspan="8">河流湖泊</td><td rowspan="4">一级河流</td><td>0～500m缓冲区</td><td>5</td><td rowspan="8">一级河流包括流经徐州都市区最重要的京杭大运河以及故黄河；二级河流包括这两条河流流经采矿迹地的支流；湖泊包括由采煤塌陷地恢复建设为城市湖区的九里湖、小南湖、潘安湖。缓冲区划分标准参考文献[217]</td></tr>
<tr><td>500～1000m缓冲区</td><td>3</td></tr>
<tr><td>1000～2000m缓冲区</td><td>2</td></tr>
<tr><td>大于2000m缓冲区</td><td>1</td></tr>
<tr><td rowspan="2">二级河流</td><td>0～100m缓冲区</td><td>3</td></tr>
<tr><td>大于100m缓冲区</td><td>1</td></tr>
<tr><td rowspan="2">湖泊</td><td>0～500m缓冲区</td><td>3</td></tr>
<tr><td>大于500m缓冲区</td><td>1</td></tr>
<tr><td rowspan="8">生态保护</td><td rowspan="3">历史文化遗产</td><td colspan="2">0～200m缓冲区</td><td>5</td><td rowspan="3">参考2010年徐州市都市区风景名胜与历史文化资源图，缓冲区划分标准参考文献[218]</td></tr>
<tr><td colspan="2">200～500m缓冲区</td><td>3</td></tr>
<tr><td colspan="2">大于500m缓冲区</td><td>1</td></tr>
<tr><td rowspan="5">生态红线区域</td><td colspan="2">保护区范围内</td><td>5</td><td rowspan="5">参考2013年《江苏省生态红线区域保护规划》，生态红线区域包括各类自然保护区、风景名胜区、森林公园、重要水源涵养区等。缓冲区划分标准参考文献[219]</td></tr>
<tr><td colspan="2">0～500m缓冲区</td><td>4</td></tr>
<tr><td colspan="2">500～800m缓冲区</td><td>3</td></tr>
<tr><td colspan="2">800～1000缓冲区</td><td>2</td></tr>
<tr><td colspan="2">大于1000m缓冲区</td><td>1</td></tr>
</table>

5.2.4　权重确定及计算过程

(1) 权重确定

权重的适宜选择是保证科学评价结果的重要因素，各因子的权重决定了其对于生态重要性值的贡献程度，本书采用层次分析法确定因子权重。层次分析法(Analytical Hierarchy Process，简称AHP方法）是20世纪70年代由美国运筹学家T. L. Saaty提出的定量结合定性的决策分析方法。通过对复杂系统的认知及决策思维的定量化、模型化，构建层次结构确定每个指标因子对整个体系运行的影响程度。在每一层级上，将该层级上的各指标进行两两比较，获得判断矩阵，经计算得到各因子权重。其中两两比较的原理在于定量描述两个方案对于某一准则的相对优越程度。一般对于单一准则，两个方案的优劣可以比较得出，并通过二者的重要性对比生成一个比较矩阵R，见式（5-1）。

$$R=\begin{bmatrix} b_{11} & b_{12} & b_{13} & \cdots & b_{1n} \\ b_{21} & b_{22} & b_{23} & \cdots & b_{2n} \\ \cdots & \cdots & \cdots & \cdots & \cdots \\ b_{n1} & b_{n2} & b_{n3} & \cdots & b_{nn} \end{bmatrix} \tag{5-1}$$

其中 b_{ij} 为强度值，应通过专家讨论确定其大小，对于同一层级的指标因子的重要性进行两两比较，判断其相对重要程度，将强度与对应的强度值进行换算（表 5-3）。

重要性等级和强度值　　表 5-3

（表格来源：作者自绘）

重要性强度	强度值	重要性强度	强度值
同等重要	1	特别重要	7
比较重要	3	绝对重要	9
重要	5	中间强度	2,4,6,8

之后还需要进行比较矩阵的一致性检验，计算公式见式（5-2）。

$$C.I=\frac{\lambda_{\max}-n}{n-1} \tag{5-2}$$

其中 $C.I$ 是一致性指标（Consistency Index），$\lambda_{\max}$为矩阵最大特征根，n 为矩阵阶数。

$C.I$ 值越大，表明判断矩阵偏离完全一致性的程度越大；$C.I$ 值越小且接近 0，则认为矩阵趋同完全一致。此外还需要引入平均随机一致性指标 $R.I$（Random Index）进行一致性检验，$C.I$ 与 $R.I$ 的比值称为随机一致性比例 $C.R$（Consistency Ratio），见式（5-3）。

$$C.R=\frac{C.I}{R.I} \tag{5-3}$$

其中 $C.R<0.1000$ 时，认为判断矩阵具有可接受的一致性。当 $C.R\geqslant 0.1000$ 时，需要对判断矩阵进行调整与修正，使得其满足 $C.R<0.1000$ 的一致性。

本研究邀请 20 位具有相关专业背景专家讨论，将同一层级的指标构成比较矩阵，对两两指标的相对重要性进行打分，验证一致性获得权重。该过程通过 YaahpV7.5（Yet Another AHP）软件完成，首先建立层次模型，分别得到不同层级的判断矩阵（表 5-4～表 5-7），其中矩阵 B2 及矩阵 B3 的 $C.R$ 值为 0.0000，结果完全一致；矩阵 A 的 $C.R$ 值为 0.0516，矩阵 B1 的 $C.R$ 值 0.0104，均小于 0.1000，因此也通过一致性检验。根据矩阵中得到各指标因子权重值，最终计算得到生态重要性评价指标总权重及排序（表 5-8）。

判断矩阵 A　　表 5-4

（表格来源：作者自绘）

生态重要性	压力指标 P	状态指标 S	响应指标 R	权重
压力指标 P	1.0000	2.0000	2.0000	0.4934
状态指标 S	0.500	1.0000	2.0000	0.3108
响应指标 R	0.500	0.5000	1.0000	0.1958

判断矩阵 B1　　**表 5-5**

（表格来源：作者自绘）

生态压力 P	土地利用类型 C1	重要基础设施 C2	交通干线 C3	污染源 C4	权重
土地利用类型 C1	1.0000	5.0000	5.0000	4.0000	0.5981
重要基础设施 C2	0.2000	1.0000	1.0000	0.5000	0.1064
交通干线 C3	0.2000	1.0000	1.0000	0.5000	0.1064
污染源 C4	0.2500	2.0000	2.0000	1.0000	0.1891

判断矩阵 B2　　**表 5-6**

（表格来源：作者自绘）

生态状态 S	植被覆盖指数 C5	河流湖泊 C6	权重
植被覆盖指数 C5	1.000	2.000	0.6667
河流湖泊 C6	0.500	1.000	0.3333

判断矩阵 B3　　**表 5-7**

（表格来源：作者自绘）

生态响应 R	历史文化遗产 C7	生态功能保护区 C8	权重
历史文化遗产 C7	1.0000	0.5000	0.3333
生态功能保护区 C8	2.0000	1.0000	0.6667

生态重要性评价指标总权重及排序　　**表 5-8**

（表格来源：作者自绘）

目标层 A	准则层 B		指标层 C		总权重	总排序
	因素名称	因素相对于A层权重	指标名称	因素相对于B层权重		
生态重要性指数 EI	生态压力 R	0.4934	土地利用类型 C1	0.5981	0.2951	1
			重要基础设施 C2	0.1064	0.0525	7
			交通干线 C3	0.1064	0.0525	7
			污染源 C4	0.1891	0.0933	5
	生态状态 S	0.3108	植被覆盖指数 C5	0.6667	0.2072	2
			河流湖泊 C6	0.3333	0.1036	4
	生态响应 R	0.1958	历史文化遗产 C7	0.6667	0.0653	6
			生态功能保护区 C8	0.3333	0.1305	3

（2）计算过程

生态重要性值计算方法的核心是基于垂直图形叠加的生态适宜性评价方法。

该方法即经典的麦克哈格“千层饼模式”生态评价方法，通过单因子分层评价及图层叠加技术，将人类的生态环境作为一个包括气候、地形地貌、水文条件、土地利用、植被及野生动物等因素作为一个相互联系的整体来看待，强调规划应该遵循自然规律和自然过程，发挥其最适宜的土地价值。

因此，每一个指标因子评价结果在ArcGIS10.2平台中显示为一个图层，采用多因子加权叠加命令，将各因子的评价结果图层按以上权重进行叠加，最终得到生态重要性评价值图，模型见式（5-4）。

$$EI = \sum_{i=1}^{n} W_i X_i \tag{5-4}$$

式中，EI是生态重要性分值，X_i是各分项指标的分值，W_i为各指标的影响权重。采用ArcGIS区域分析中的重分类工具将生态重要性评价值划分为5级，1～5表示生态重要性从低到高依次升高，即：非常低、低、中等、高、非常高。

5.2.5 生态重要性评价结果

（1）单因子评价结果

根据建立的采矿迹地生态重要性评价的指标体系及各指标权重，基于ArcGIS平台，通过缓冲区等技术，将各个采矿迹地生态重要性影响因子依据上文分类标准分为1、2、3、4、5五个分值，对应低生态重要性区，较低生态重要性区，中生态重要性区，较高生态重要性区，高生态重要性区，最终形成评价结果的一系列专题图（图5-6、图5-7），以此建立单因子评价栅格数据库。

（2）综合评价结果

基于ArcGIS平台，利用空间分析工具中“加权总和”的叠加命令，输入各因子权重值，垂直叠加8项单因子评价栅格图层信息，得到采矿迹地生态重要性评价计算结果（图5-8），图中可以看出徐州市采矿迹地的生态重要性值分布在1.21～4.56之间，较高分值地区集中于贾汪片区中部、董庄片区北部、大黄山片区北部、庞庄西片区故黄河两岸；庞庄东片区中部及贾汪片区北部生态重要性值最低。结合评价结果，认为生态重要性值较大区域至少具有以下特点之一：在徐州市已划定的重要生态功能区域的缓冲影响范围内；城市重要河流，如故黄河、京杭大运河及不老河流经采矿迹地；交通、重要基础设施等人为干扰较少，植被覆盖度高。庞庄东片区位于城市北部的城乡边缘带，贾汪片区北部也邻近贾汪区集中建设用地，因此受到各方面的干扰因素较多，如仍在运营的燃煤电厂、密集的交通系统、新建设的工业园区等对区域内生态质量及生态用地适宜程度带来影响。

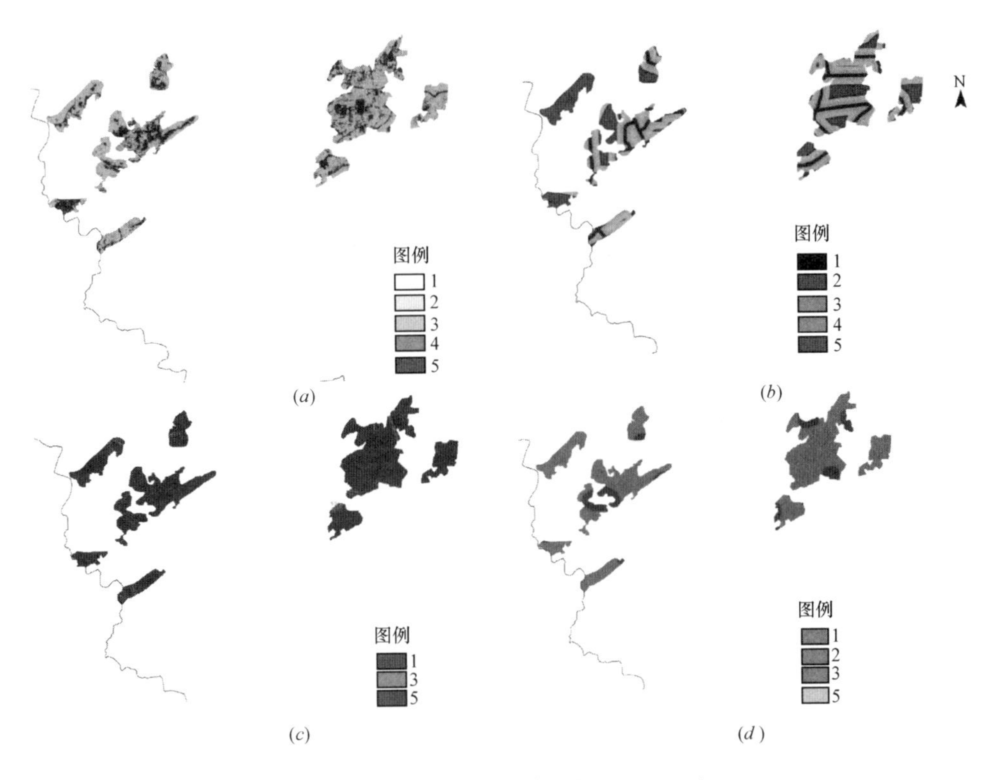

图 5-6　单因子评价结果图（C1～C4）

（a）土地利用；（b）交通干线；（c）重要基础设施；（d）污染源

（图片来源：作者自绘）

采矿迹地生态重要性等级划分　　**表 5-9**

（表格来源：作者自绘）

生态重要性等级划分	非常低生态重要性	低生态重要性	中等生态重要性	高生态重要性	非常高生态重要性
等级划分	1	2	3	4	5

由于叠加单因子结果后的总分值在图中是渐进分布的，为了更好地进行分片区数据统计与分析，必须对于该评价结果进行提炼，将分值进行进一步的聚类，即进行重新分类。重分类是将属性数据的类别合并或转换成新类，常见的方法有手工分类、自然断点法分类、K-MEAN 等，本文选择自然断点法（natural break）将生态重要性评价结果重新划分为 5 个等级，1～5 由高到低分别代表非常高生态重要区、高生态重要区、中等生态重要区、低生态重要区和非常低生态重要区（表 5-9），计算结果如图 5-9，其中具有“非常高”生态重要性的采矿迹地面积 2357.78hm^2，占采矿迹地总面积 15.58%，具有“高”生态重要性采矿

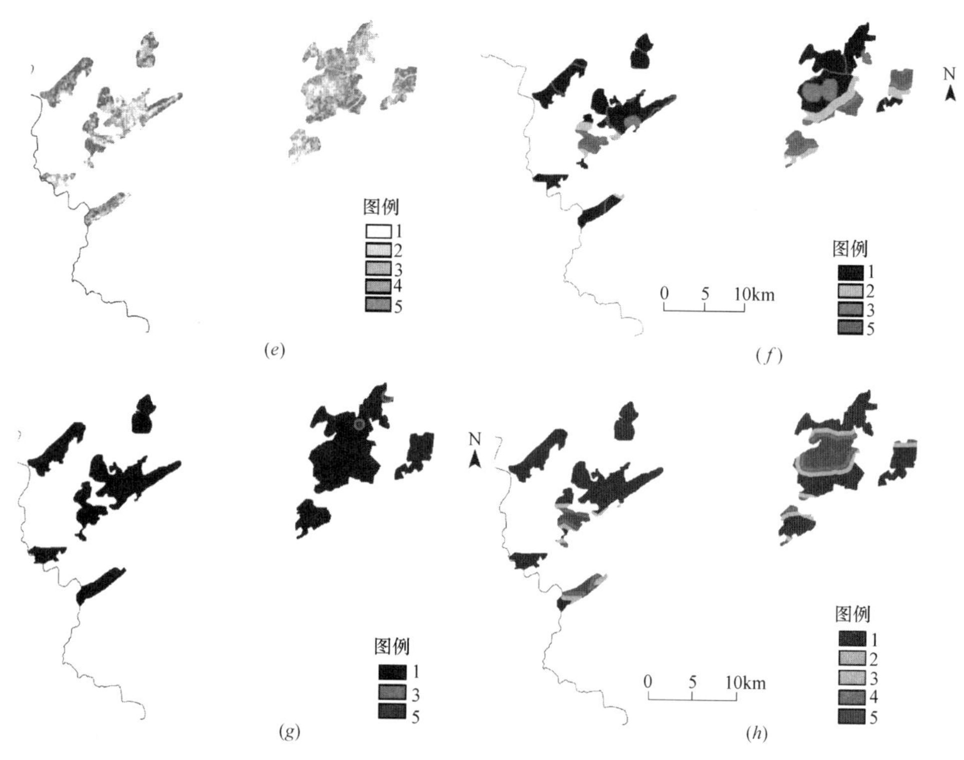

图 5-7 单因子评价结果图（C5～C8）

（e）NDVI；（f）河流湖泊；（g）历史文化遗产；（h）重要生态功能区

（图片来源：作者自绘）

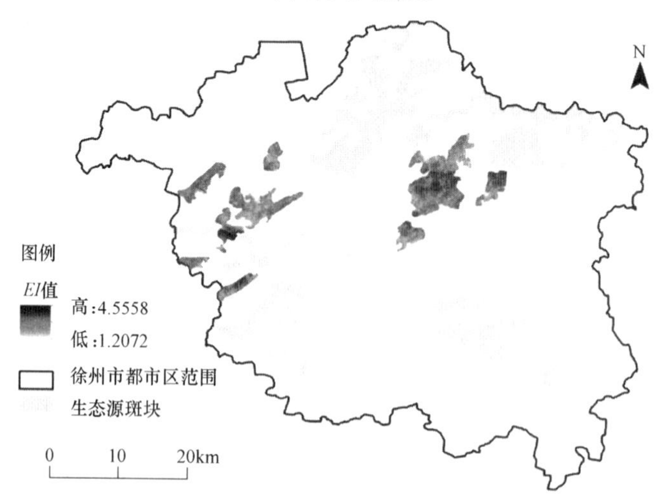

图 5-8 采矿迹地生态重要性评价值图

（图片来源：作者自绘）

迹地面积 4025.92hm²，占 26.61%（表 5-10）。对不同采矿迹地片区内生态重要性等级分布百分比进行统计，得到图 5-10。基于对各片区的实地调研，结合单因子评价值图，分析各采矿迹地片区生态重要性等级的分布特征及其原因，并统计了各片区“非常高”及“高”生态重要等级区域的面积比例（表 5-11）。

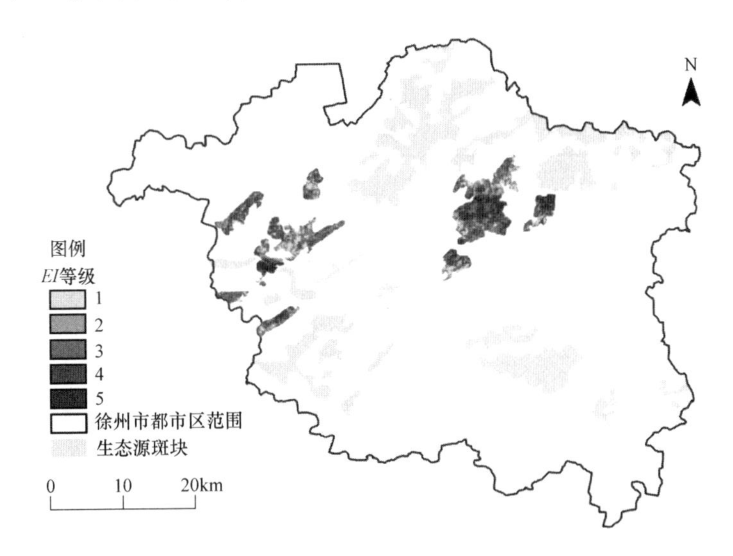

图 5-9　采矿迹地生态重要性等级图

（图片来源：作者自绘）

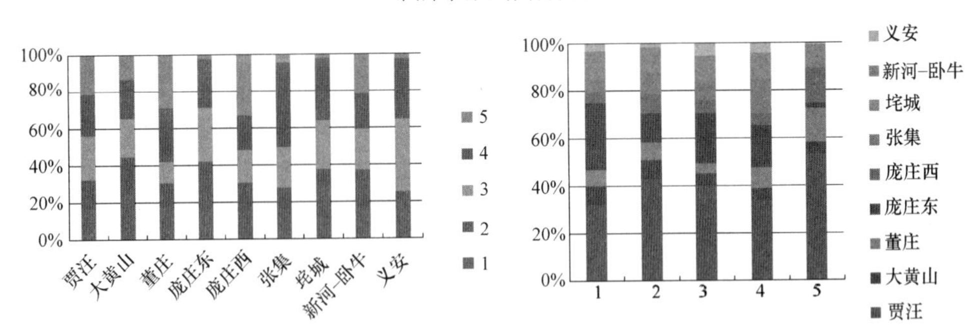

图 5-10　各采矿迹地片区内生态重要性等级分布

（图片来源：作者自绘）

生态重要性分区面积及比例　　**表 5-10**

（表格来源：作者自绘）

生态重要性分区	面积(hm^2)	比例
“非常高”生态重要性区	2357.78	15.58%
“高”生态重要性区	4025.92	26.61%

续表

生态重要性分区	面积(hm²)	比例
"中等"生态重要性区	3470.67	22.94%
"低"生态重要性区	2227.00	14.71%
"非常低"生态重要性区	3050.10	20.16%

各采矿迹地片区生态重要性等级分布特征　　表 5-11

(表格来源：作者自绘)

序号	片区	总面积(hm²)	塌陷面积(hm²)	图示	生态重要性值分布特征及原因	非常高及高所占比例
1	贾汪片区	5906.1	2822.8		该片区面积较大，塌陷情况复杂，片区内土地利用状况多样，密集交通网络、贾汪工业园区等对片区内*EI*值具有一定影响，植被覆盖情况东南部较好，拥有百年历史的夏桥矿业文化遗产，区域内已经修复的潘安湖湿地公园已经被列入徐州市重要生态功能区，因此围绕潘安湖周边区域*EI*等级最高，北部*EI*等级较低	44.08%
2	大黄山片区	985.0	925.0		片区内工业广场等建设用地位于西南部，京杭大运河的支流不老河流经该片区，塌陷区域与不老河河道重叠，很多水域已经改建用于渔业养殖。片区内植被覆盖指数偏低，受到人为干扰程度一般，由于受不老河的影响，其北部的*EI*等级较高，南部*EI*等级非常低	34.89%
3	董庄片区	1132.1	534.7		该片区内的董庄煤矿已停产多年，周边以农业用地为主，植被覆盖情况整体较好，北部优于南部，由于受到其北部不老河及大洞山风景名胜区的影响，且离城市较远，受工业污染及交通干道干扰较小，片区*EI*等级从北向南逐渐降低，北部*EI*等级可以达到"非常高"	58.32%

续表

序号	片区	总面积（hm^2）	塌陷面积（hm^2）	图示	生态重要性值分布特征及原因	非常高及高所占比例
4	庞庄东片区	2688.5	2117.3		该片区位于城市北部边缘，土地利用类型复杂，塌陷积水深度大都超过2m，形成常年连片积水水域，主要集中在九里湖附近以及片区的东部狭长地带，但水质较差。片区植被覆盖指数较低，整体生态环境较差，分布较多的小工业企业，受到电厂、交通干道的影响较大，因此整体的*EI*等级值较低，西北部及东部偏高	29.25%
5	庞庄西片区	1056.2	594.9		该片区土地利用以农林用地为主，该片区内植被覆盖情况较好，有集中林地，故黄河流经该片区，片区内受到人为干扰较严重，但由于故黄河湿地生态功能保护区对其影响，河岸两侧的*EI*等级达到“非常高”，逐渐向南北两侧降低	51.85%
6	张集片区	1294.7	821.3		该片区西南方向采深较浅，尚未形成塌陷积水，东北方向水面较大，大部分已经被村名作为鱼塘使用。由于该片区内植被覆盖情况较好，且几乎没有交通、污染源等人为干扰，因此区域整体上看*EI*等级较高，大部分为高生态重要性等级	50.58%
7	垞城片区	787.3	546.7		该片区土地利用类型基本以农田为主。南端和北端属于深积水区，工业广场位于片区中部，煤矿东部建有垞城电厂，铁路及高压线对片区中部造成一定影响，因此垞城片区南北两端*EI*等级较高，中部*EI*等级较低	36.25%

续表

序号	片区	总面积（hm^2）	塌陷面积（hm^2）	图示	生态重要性值分布特征及原因	非常高及高所占比例
8	新河卧牛片区	808.1	340.0		该片区由于距离城市较近，属于城乡结合部位，土地利用类型比较多样，塌陷地沿东北-西南方向带状展开。该片区内北部植被覆盖情况较南部好，受城市建设等干扰较多，但由于其位于故黄河重要湿地生态功能区的南部，片区北部 *EI* 等级为“非常高”，西南部 *EI* 等级较低	41.10%
9	义安片区	473.4	366.7		塌陷积水位于义安煤矿北部，工业广场及两座村庄废弃，该片区积水面积较大，因而植被覆盖指数很低，但由于地理位置较偏远，受人为干扰较小，整体的 *EI* 等级较为平均，大部分为“中等”等级	35.85%

5.3 外部：采矿迹地维持景观连接度重要程度评价模型

5.3.1 景观连接度的概念及度量

景观生态学方法，为大尺度研究采矿迹地提供了一种高效可行的途径。景观特征及相关指数在大尺度下的生态恢复区划研究中的作用显著。景观结构关系是生态功能发挥的基础，也是影响生态恢复行动成功与否的重要因素[172]。任何生态恢复都必须从土地自身尺度（local scale），向更广阔的景观尺度（landscape scale）转变[178]。各类景观格局指数能高度浓缩景观格局信息，对于理解与评价整体景观结构关系意义重大，在探讨退化生态系统的构成及高效生态恢复关键地点的选择等方面具有重要意义。斑块面积、周长、形状，斑块密度，面积方差，斑块距离，优势度，聚集度等景观指数在一定程度上描述了景观生态过程。

本研究选取景观连接度（landscape connectivity）指数来研究采矿迹地与 GI 空间结构及功能关系。1984 年 Merriam 首次使用景观连接度概念用以描述景观结构特征与物种运动行为间的交互作用[220]。目前较为常用的定义为Taylor等人1993年提出的："景观连接度是景观促进或阻碍生物体或某种生态过程在源斑块间运动的程度"[221]。总之，景观连接度是用以描述不同生境斑块之间结构及功能上的联系，这里既包括可见的结构关联，即绿带绿廊、河流等生态廊道的连接，更多情况下是指功能上的连接关系，比如，不同物种在斑块间的扩散能力，斑块之间有物质、能量的交换和转移[222]。

在较大尺度的景观连接度评价中，基于图论方法的连接度评价方法被广泛接受，将斑块面形式转化为点，计算各点之间的物种扩散的能力，能够较为简单的预测出景观连接度。生境斑块间的距离对景观连接度影响较大，增加生境斑块间的距离会显著降低景观连接度。一般采用欧式距离（Euclidean distance）和最小费用模型的费用距离（Cost distance）来衡量景观连接度，本书将采用欧式距离进行计算。总之，景观连接度在生物资源管理、生物多样性保护和景观设计与规划方面具有广阔的应用前景。目前已有学者将该景观指数考虑到区域生态恢复相关评价中，如Tambosi L R[223]以最大化保护生物多样性为目标，通过景观连接度及栖息地数量表征恢复地点的生态恢复力，建立多尺度下的生态恢复区划评价框架；陈杰，梁国付等以促进森林系统景观连通度为目标，建立了退耕还林过程中待恢复农业斑块的恢复优先次序[224]。

5.3.2　模型介绍：基于Conefor Sensinode2.6景观连接度评价模型

基于图论与复杂数学基础，Pascual-Hortal和Saura等开发了用以评价景观连接度及斑块重要性的Conefor Sensinode2.6软件，该软件可以定量计算栖息斑块对于维持及改善景观连接度的重要程度，通过对能促进整体景观连接度的关键地段进行辨识及排序，给景观规划及栖息地保护工作提供技术支持。该软件中主要包括了基于距离阈值和概率阈值的两个连通体系，软件具体结构见图5-11、图5-12，其界面友好，易于使用，与ArcGIS具有较高的兼容性。

该软件通过建立不同景观连接度指数计算斑块间连接度，常用的包括景观巧合概率指数（LCP)、整体连接度指数（IIC）和可能连接度指数（PC)，其中IIC和PC既可反映景观的连接度，又可计算景观中各斑块对景观连接度的重要值[225]，分析斑块对景观连接度的影响和效应。对比IIC和PC指数，两者均是基于图论的景观连接度评价指数，但IIC指数基于二元连接度模型，表示景观中斑块只有连通和不连通两种情况；而*PC*基于可能性模型，斑块之间的连接度的可能性与斑块之间的距离有关。由此可见*PC*指数比*IIC*指数优势更多，更具有合理性[210]，故本研究选择*PC*指数进行计算。

5.3.3　阈值设定及计算过程

以徐州市都市区作为整体背景，将塌陷地斑块假设为城市的生态斑块，共同

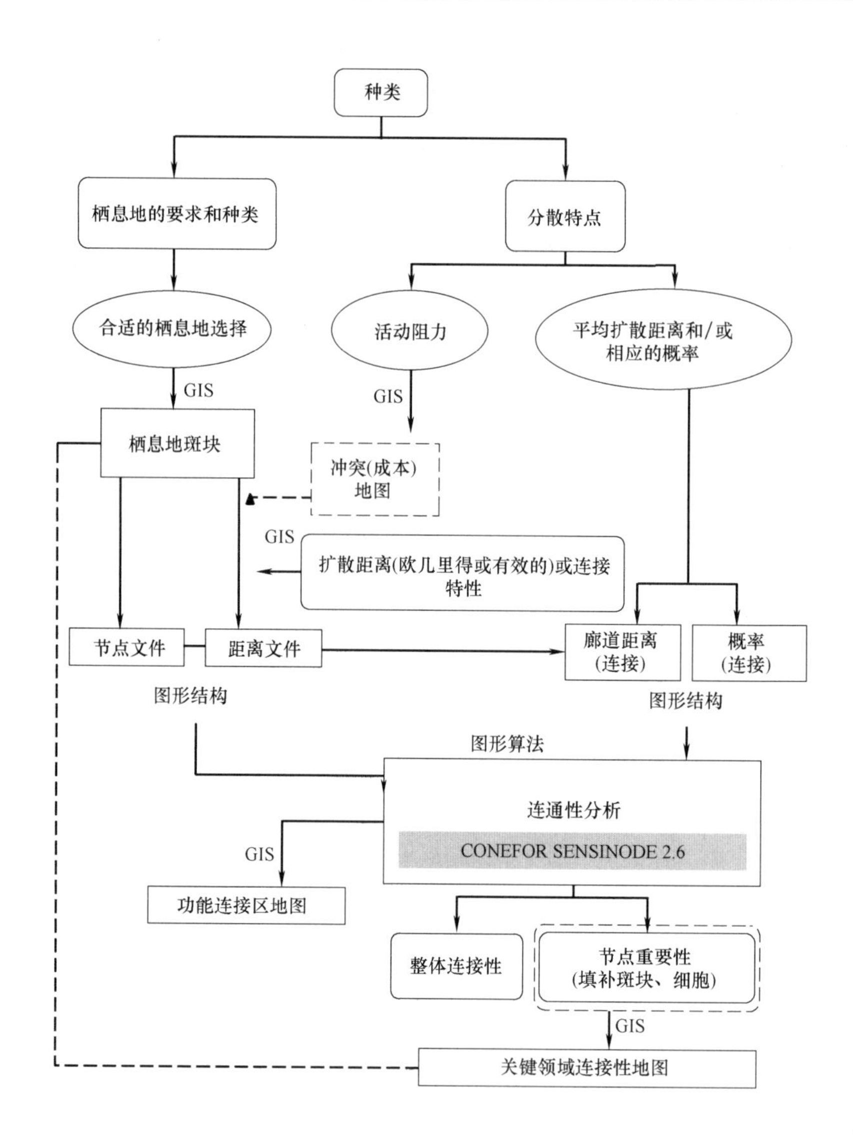

图 5-11　基于 Conefor Sensinode 2.6 的景观连接度分析框架

（图片来源：作者改绘）

与城市其他重要生态源斑块构成生态网络，计算移除每个塌陷地斑块后城市整体景观连接度的变化程度，变化越大说明斑块对于维持景观连接度作用越大。

本文采用可能连接度指数（*PC*）表征景观连接度：

PC 指数是基于图论的景观连接度评价指数，表明斑块之间连通的可能性与斑块之间的距离有关，本文中的斑块距离采用欧几里得距离。具体算式如下：

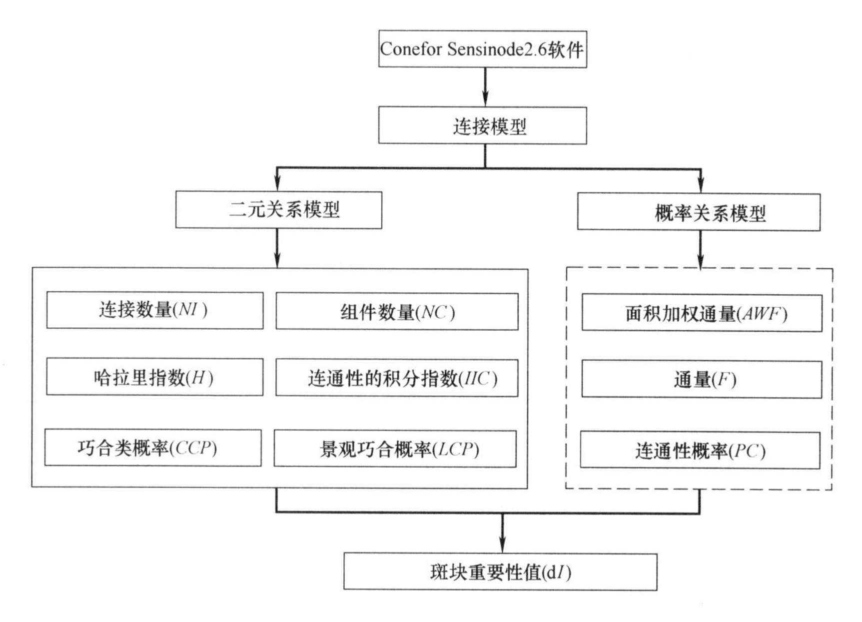

图 5-12 Conefor Sensinode 2.6 结构示意图

（图片来源：作者改绘）

$$I_{\mathrm{PC}}=\frac{\sum_{i=0}^{n}\sum_{j=0}^{n}a_i\cdot a_j\cdot P_{ij}^{*}}{A_L^2} \tag{5-5}$$

式中，n 表示斑块总数，a_i 和 a_j 表示斑块 i 和斑块 j 的面积，A_L 表示研究区域总面积，P_{ij}^{*} 指物种在斑块 i 和斑块 j 直接扩散的概率。$0<I_{\mathrm{PC}}<1$。

斑块重要性（d*PC*）是指斑块对于维持景观连通的重要程度，在式（5-5）基础上计算出移除塌陷地斑块前后的景观连接度变化值，记为 d*PC*，算法如下：

$$\mathrm{d}PC(\%)=100\times\frac{I-I_{\mathrm{remove}}}{I} \tag{5-6}$$

公式中，I 表示所有斑块的连接度指数值，I_{remove}是去移除某个斑块后剩余斑块的连接度指数值。d*PC* 越大表示采煤塌陷地斑块作为生态用地，维持城市景观连接度的作用越大。

以上指数的计算均基于 Conefor Sensinode2.6 软件、ArcGIS 10.2 以及 Conefor-Inputs-10 插件，计算过程中首先要确定景观连接的距离阈值。距离阈值决定了两斑块之间存在连接与不连接两种情况，斑块距离大于该阈值时表示二者不连接，斑块距离小于该阈值表示二者是连接的。根据研究区范围、采煤塌陷地及源斑块分布格局，参考已有研究成果[226]，考虑到斑块间生态流的可流通性和生态用地的可达性，经过多个阈值比较试验，*PC* 值的大小随着阈值的增加而增大，过小的阈值反映出的整体景观连接度较差，基于研究的有效性，最终选取 10km 作为斑块连通与否的阈值。

5.3.4 景观连接度评价结果

本研究将 9 个采矿迹地片区按土地类型划分为 361 个斑块，与 28 个已存在的城市生态源斑块通过 ArcGIS 平台中的合并工具叠加于同一图层进行景观连接度评价，参与评价的斑块数为 389。选取 Conefor Sensinode 2.6 中的 *PC* 与 d*A* 两个指数进行分析计算。*PC* 为可能连接度指数，d*A* 为各斑块占总面积的比例，d*PC* 值为斑块重要性指数，该指数越大，斑块重要性越高，即该斑块维持及增加城市整体景观连通度的能力越强，越适宜作为城市 GI 用地。

基于 Conefor Sensinode 2.6 软件界面（图 5-13），将斑块连通度距离阈值设置为 10km，表示当两个斑块之间距离小于 10km，认为两个斑块之间具有连接度，连接度计数为 1，否则为 0。具体参数设置如图。运行该软件，得到最终计算结果（表 5-11）。该结果显示，斑块的 d*PC* 值变化幅度非常大，说明各斑块的重要程度差别显著，部分计算结果见表 5-12。

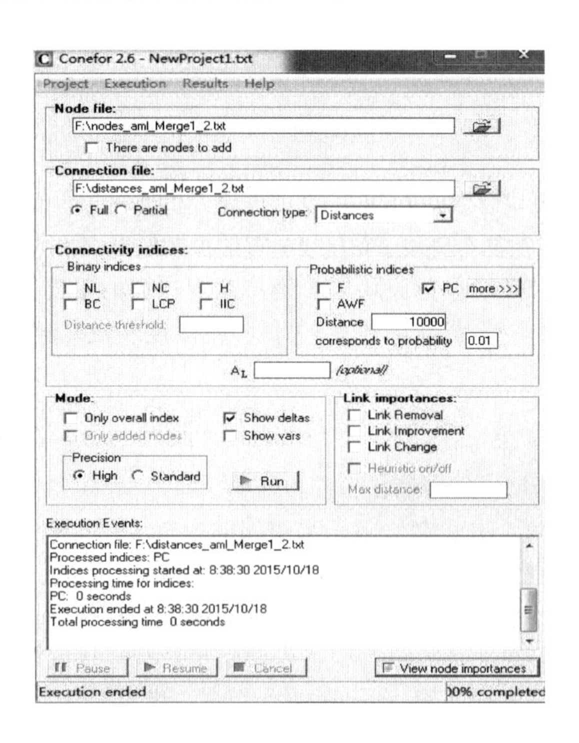

图 5-13 Conefor Sensinode 2.6 软件参数设置界面

（图片来源：软件截图）

生态斑块面积比及景观连接度输出结果排序（前 50 个斑块）　表 5-12

（表格来源：作者自绘）

斑块面积比排序	Node（斑块序号）	dA（面积比）	斑块重要性排序	Node（斑块序号）	dPC（景观连接度）
1	319	7.912204	1	319	22.5499
2	356	4.498209	2	356	8.011877
3	322	4.077048	3	341	6.734031
4	341	3.380851	4	322	6.598831
5	342	3.354625	5	342	5.011044
6	354	2.499502	6	345	2.834732
7	345	2.464949	7	354	2.658492
8	357	2.17339	8	357	2.605504
9	348	2.168413	9	327	2.483078
10	327	1.775093	10	26	2.270805
11	340	1.764565	11	330	2.265052
12	321	1.681686	12	321	2.140901
13	358	1.678545	13	348	2.131951
14	330	1.571699	14	340	2.082527
15	347	1.563254	15	334	2.045348
16	323	1.497645	16	202	2.019701
17	324	1.471695	17	323	1.87419
18	334	1.410218	18	347	1.773729
19	346	1.245274	19	331	1.613499
20	350	1.240065	20	339	1.484429
21	331	1.179912	21	212	1.474343
22	202	1.088484	22	346	1.298671
23	26	1.026419	23	324	1.168996
24	317	1.006505	24	332	1.09843
25	339	0.960946	25	203	1.00699
26	355	0.960561	26	358	0.986072
27	332	0.919504	27	90	0.980886
28	320	0.858881	28	350	0.947137
29	343	0.846683	29	328	0.922808
30	351	0.844976	30	320	0.87198
31	328	0.79271	31	198	0.791435
32	352	0.776905	32	50	0.781074
33	316	0.765938	33	317	0.779182
34	353	0.733047	34	355	0.72198
35	25	0.703812	35	92	0.721791
36	212	0.68737	36	205	0.710214
37	131	0.573678	37	131	0.696406
38	344	0.569766	38	353	0.67134
39	311	0.529745	39	132	0.635654
40	149	0.511125	40	30	0.634427
41	90	0.50984	41	336	0.607181
42	325	0.508837	42	338	0.582626
43	329	0.497981	43	329	0.540969
44	50	0.471785	44	149	0.532857
45	336	0.443416	45	325	0.513854
46	203	0.442809	46	210	0.507931
47	338	0.441429	47	120	0.48006
48	360	0.441225	48	343	0.474119
49	303	0.432486	49	24	0.473656
50	132	0.431419	50	71	0.460005

比较生态斑块 d*A* 值与 d*PC* 值的输出结果（图 5-14），可看出各斑块值分布的曲线走向一致，说明斑块维持景观连接度的重要程度与斑块自身面积相关，面积比较大的生态斑块的重要性也较大，但二者并不存在严格的正比关系，如斑块 26 面积排序为 23，但斑块重要性排序为 10（表 5-11），因此，景观连通度不仅仅与斑块面积有关，还与其所处位置、斑块形状、斑块间距离等因素相关。

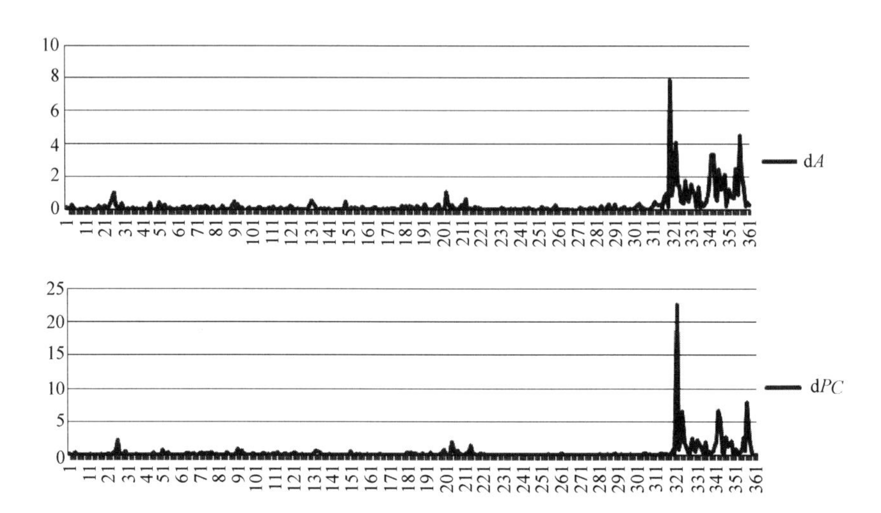

图 5-14　生态斑块 d*A* 和 d*PC* 值输出结果对比

（图片来源：作者自绘）

总体来看，徐州市区采煤塌陷斑块维持景观连接度的重要性值介于 0.004～2.27 之间，但其分布极不均匀（图 5-15）。其中，分值在 0.2 以下的塌陷斑块共

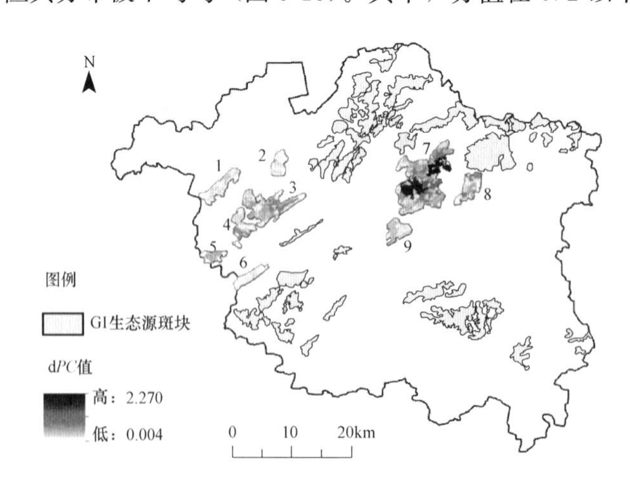

图 5-15　采矿迹地斑块维持景观连接度重要程度值

（图片来源：作者自绘）

242个（占塌陷斑块总数的78.06%），这些塌陷斑块的面积（共6054.84hm^2）占塌陷总面积的40.37%，说明大多数采煤塌陷斑块对于维持GI景观连接度的作用较低；分值在0.2～1.0之间的塌陷斑块数64个（占20.65%），面积（共7468.33hm^2）占50.19%，这些塌陷地对维持城市GI具有一定的作用；分值在1.0以上的塌陷斑块仅有4块，占斑块总数的1.29%，占塌陷斑块总面积的9.84%（共1476.83hm^2），这些斑块集中分布于7区的中部（潘安湖周边）和东北部（贾汪城区西侧），对于维持城市GI的稳定具有非常重要的作用。

5.4　城市GI引导下的采矿迹地的生态恢复区划评价模型

城市GI引导下的采矿迹地生态恢复区划及时序，取决于两个层次因素：(1) 采矿迹地作为GI用地的适宜程度较高。本书采用生态重要性表征该适宜程度，生态重要性高低反映地块本身生境状况和生物多样性的丰富程度；(2) 采矿迹地恢复为GI斑块后对于增加城市景观连接度具有重要作用。该作用反映斑块对维持整个基质景观生态流畅通的能力。

5.4.1　生态恢复区划的概念及目标

生态恢复区划是大尺度生态恢复规划的重要内容。依据不同生态恢复目标，对生态受损空间进行科学评价及空间划分，制定科学的分区恢复主导功能、管控措施，将区划方法引入到生态恢复决策之中，修正片面追求经济效益而忽视生态功能恢复引发的生态环境问题[227]。

我国传统采矿迹地生态评价及区划研究多以土地复垦及再利用为基础，众多学者针对采矿迹地本身，选取土地损毁程度、土壤肥力及pH值、排水灌溉条件等指标因子，来判别影响其生态恢复的限制因素及潜力因素，通过生态适宜性评价等方法确定不同功能分区，方法从定性到定量逐渐完善[159,228-230]。而本节尝试将采矿迹地置于更大的城市背景，根据采矿迹地对于优化城市GI的贡献度，对其进行生态恢复类型区划，引导及限定采矿迹地生态恢复的主要土地功能类型，为实施差异化生态恢复、管理与建设，促进高效生态恢复、生态系统保护和环境改善提供指导，同时，该区划评价结果可以为徐州市土地复垦项目的统筹开展及城市绿地系统规划提供科学依据。

徐州市GI引导下的采矿迹地生态恢复区划的目的在于：在采矿迹地中划分对于城市GI具有关键优化、补偿、支撑作用与调节作用的潜在生态要素，明确其恢复后以生态保育优先的管理策略，将其纳入城市GI结构，实现城市GI资源的整体恢复、保护与管理。

5.4.2 计算过程

研究基于生态重要性（*EI*）以及基于景观连接度评价的斑块重要性（d*PC*）评价结果，认为二者对于衡量采矿迹地对完善城市 GI 的贡献度 *Cgi*（Contribution degree of Green infrastructure）都非常重要，因此本研究认为二者在采矿迹地生态恢复区划及区划评价中的权重相等，最终将 *EI* 值与 d*I* 值进行归一化处理，将二者结果等权重叠加得到 *Cgi* 值，模型见式（5-7）。

$$Cgi = \sum_{i=1}^{n} W_i X_i \tag{5-7}$$

式中，X_i 是 *EI* 及 d*PC* 指标的分值，W_i 为各指标的影响权重。将 *Cgi* 值划分为 5 个等级，依据该等级确定采矿迹地生态恢复功能区划及优先时序。

5.4.3 采矿迹地生态恢复区划评价结果

利用 ArcGIS 平台中的加权叠加工具，以等权重叠加生态重要性值等级（*EI*）与维持景观连接度重要程度等级（即，斑块重要性 d*PC*），依据公式 5-7 得到采矿迹地优化城市 GI 的贡献度值（图 5-16）。结果显示，徐州市采矿迹地的 *Cgi* 值分布于 1～5 之间，分值较高的集中分布在贾汪片区、庞庄东片区、董庄片区北部与庞庄西片区故黄河两岸，总体上以上片区生态重要性及维持景观连接度重要程度都较高，其中庞庄东片区生态重要性整体较低，但由于其 d*PC* 值相对较高，即在城市 GI 景观结构中具有重要的位置，因此综合的 *Cgi* 值也有所提升。

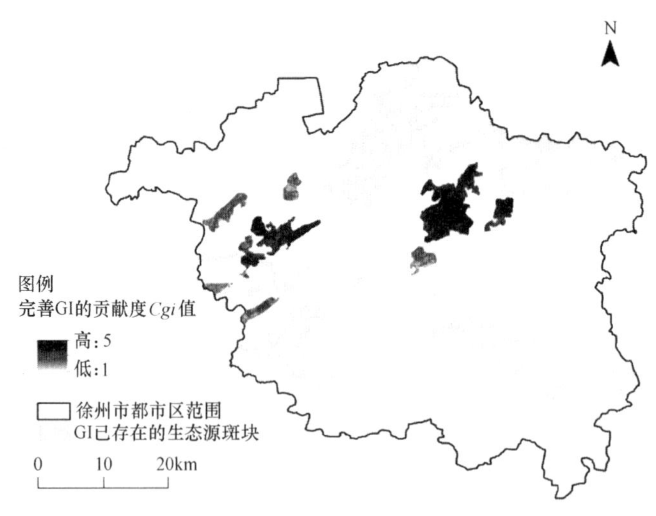

图 5-16 采矿迹地完善 GI 的贡献度值图

（图片来源：作者自绘）

为了更好地进行分区统计与分析，同样采取自然断点法，将渐进分布的 *Cgi* 值结果进行提炼，本研究基于 ArcGIS 平台中的空间分析工具中的重分类功能，将 *Cgi* 值划分为 4 个等级（图 5-17），从 4 到 1 分别代表优化 GI 的贡献度“非常高”、“高”、“中等”和“低”。

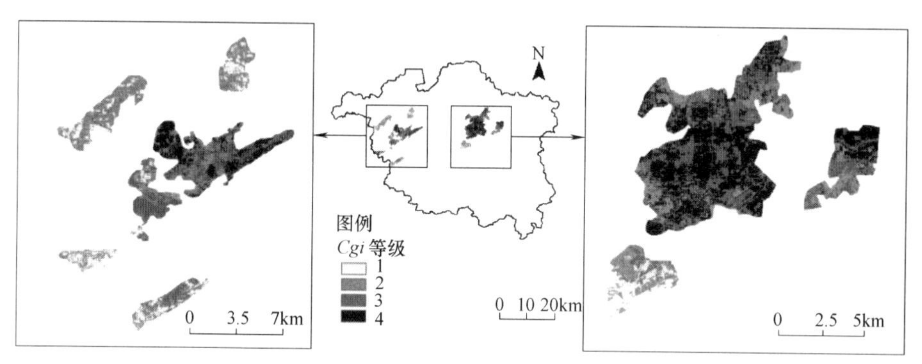

图 5-17　采矿迹地 GI 贡献度等级图

（图片来源：作者自绘）

根据该划分依据，确定相应区划，认为优化 GI 贡献度越高的采矿迹地，越应该被纳入到城市 GI 系统中，同时由于其具有重要的生态适宜性及处于关键的区位，应恢复为较少人为干扰的 GI 用地，因此，“非常高” *Cgi* 等级对应保育型 GI 恢复区；“高” *Cgi* 等级对应游憩型 GI 恢复区；“中等” *Cgi* 等级对应生产型 GI 恢复区；“低” *Cgi* 等级对应建设用地恢复区，各区划采矿迹地面积及其比例见表 5-13，各区划面积比例分布较为均衡，“非常高” *Cgi* 等级面积比例达到 24.76%，这些采矿迹地是完善及优化城市 GI 最具潜力的资源；而“低” *Cgi* 等级面积比为 11.16%，这些采矿迹地对于优化城市 GI 的作用相对较小。对 9 个采矿迹地片区内部的 *Cgi* 值分布情况进行统计发现（图 5-18），贾汪片区、庞庄

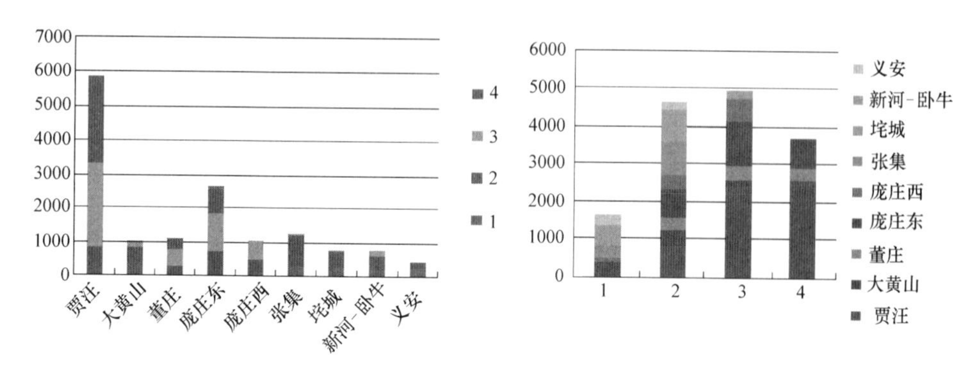

图 5-18　各采矿迹地片区 *Cgi* 等级分布

（图片来源：作者自绘）

东片区及董庄片区是“非常高” Cgi 值的集中分布区域；义安片区内整体 Cgi 值最低。

采矿迹地区划分区的面积及其比例　　表 5-13

（表格来源：作者自绘）

优化 GI 贡献度等级划分	等级划分	比例	面积（hm^2）
非常高	4	24.76%	3703.035
高	3	33.19%	4963.614
中等	2	30.89%	4619.992
低	1	11.16%	1668.856

本研究按照 Cgi 值的等级，建议将“非常高”与“高”GI 贡献度的采矿迹地纳入城市 GI 系统，“中等”GI 贡献度的采矿迹地可以考虑纳入城市 GI 系统，“低”GI 贡献度的采矿迹地在城市建设需要时可以考虑作为开发建设用地。针对不同的区划，提出采矿迹地生态恢复建议及管控措施（表 5-14），对各个区划的主要用地功能提出一定的引导和限制，具体包括以下几种目标模式：

采矿迹地生态恢复区划恢复建议及管制措施　　表 5-14

（表格来源：作者自绘）

Cgi 值等级	区划名称	与城市 GI 关系	生态恢复建议及管控措施
非常高	保育型 GI 恢复区	强烈建议纳入城市 GI	建议恢复为禁止开发的生态保育空间，保证以栖息地支持、生物多样性保护、水源涵养等服务功能为主，严格禁止大规模人为建设活动，可考虑恢复建设为较少人为干扰的自然栖息地、湿地保护区，同时强烈建议优先予以恢复
高	游憩型 GI 恢复区	建议纳入城市 GI	建议恢复为限制开发的城市开敞空间，加强现有植被的保育，恢复为城市及郊野公园、户外运动场地等适度人为干扰的土地用途，注意公园建设过程中避免过多的人工痕迹和商业气息。建议优先予以恢复
中等	生产型 GI 恢复区	可以纳入城市 GI	建议恢复为协调生态保护和经济发展的生产性开敞空间，在考虑经济社会效益前提下保护生态环境，对区域内污染严重的小工业作坊进行清除，可以恢复为经济型农林用地、可再生能源基地等非建设用地
低	建设用地恢复区	可不纳入城市 GI	在城市扩展过程中可以考虑恢复为开发建设用地

(1) 保育型 GI 恢复区

很多学者证明了避免人为干扰的自然栖息地是采矿迹地生态恢复的良好途径。利用自然演替能力进行采矿迹地的生态恢复被众多生态学家所推崇。有学者对于后矿业景观中栖息地的视觉偏好（Visual Perception）进行研究，认为自然演替形成的落叶森林比人工干预形成的森林在视觉上更加优美，因此建议采矿迹地保留更多的自身生态演替环境，逐渐建立起稳定的、自然及审美价值较高的栖息地[231]。还有学者论证了自然保护区的设立比复垦为农林用地成本更低。大部分的采矿迹地土地复垦费用来自于土方运输与土地平整，有学者认为将采矿迹地复垦为栖息地，而并不用像农用地那样需要绝对的土地平整。相反，粗糙、不均匀及多石的地表更有利于生物的存活，可以为某些生物提供恰当的地表覆盖。通过保持良好的水径流和减少侵蚀，微起伏地形更有利于树木的存活和成长。

Bockwitz湖位于莱比锡市以南约30km的褐煤产区，占地1510hm^2。这一地区在闭矿后的几十年中，从一个封闭的露天开采区转变为一个真正意义上的自然天堂，自然演替过程使得多种栖息地与群落结构得以发展和稳定，最近几年生物学家在这里发现了390种高等生物物种。同样位于德国Bitterfeld市中心的东北部的Goitzsche。1908～1991年的褐煤开采使得该地区近60km^{2}的土地遭到生态危机，三条河流改道，数个村庄被迫搬迁。1991年煤矿关闭后，废弃的采矿迹地主要被恢复为湖泊和森林，在矿区南部，采矿后的原始景观被完整保留下来，保证其自我恢复和演替过程并取得了良好效果，即所谓的"荒野项目"（Wilderness project）（图5-19）。由于地下水位上升而形成的北部地区五个湖体及其周边生态景观也完全处于一种自由发展状态[232]。这种景观在人为开采活动和自然系统恢复中不断变化和平衡。

图5-19 作为自然栖息地的采矿迹地

（图片来源：参考文献［232］）

（2）游憩型GI恢复区

GI不仅仅为生物提供自然栖息场所，也应该为人类提供休息、游览、锻炼、交往的空间，满足城市居民的休闲需要，而煤炭城市大量的采矿迹地成为城市游憩公园及开敞空间的适宜载体。在东部平原地区的高潜水位地区，很多城市都依托于塌陷水域建立城市景观公园，还有将原有煤炭开采工业广场融入公园设计的优秀案例，这类矿业景观公园是立足于城市环境，留存矿业文化特征，同时承载城市功能，服务城市社区的一类城市公园。德国鲁尔区具有很多植被恢复良好、设计优秀的矿业景观公园，甚至在1991～2000年为期10年间，国际埃姆舍公园建筑展（IBA）以实现20世纪20年代提出的“区域绿色走廊”计划为目标，提出将320 km^2区域范围内保护和再生的绿地连接成一个链状的绿地空间结构，构建成完整的区域性公园系统。当然，休憩型GI用地还包括水上体育场地、高尔夫球场、钓鱼水域多种形式和功能，如位于鲁尔区北部的黑尔腾市（Herten）的艾瓦尔德（Ewald）矿区，改造为一个世界顶级的山地自行车运动场，提升了地区体育休闲功能（图5-20）。

图5-20　德国鲁尔区北杜伊斯堡公园

（图片来源：作者自摄）

（3）生产型GI恢复区

农林用地、可再生能源基地等非建设用地也是采矿迹地生态恢复的重要目标模式，这些土地类型在考虑生态保护的同时也保证实现一定的经济、社会效益。农林用地在国内外都是采矿迹地生态恢复的主要功能类型之一（图5-21），也是为了保障我国粮食生产安全所必须重视的恢复目标，尤其对于我国东部平原粮煤复合区域尤为重要。除此之外，可再生能源基地是国外采矿迹地利用出现的新模式，受到了政府的大力支持，美国环境署（EPA）于2008年出台了“美国土地再生计划”（RE-Powering America's Land Initiative），鼓励在棕地及采矿迹地等已开发土地上建立可再生能源基地。同时德国也将“能源景观”重建，作为矿区景观变迁的可持续途径之一。例如，劳其茨地区曾经是拥有三个大型褐煤发电站的德国重要能源生产基地之一，20世纪90年代以后其褐煤生产及相关工业衰败后，该地区也响应“中欧新能源基地建设”政策，将采矿迹地作为新能源开发和建设的“新”空间，积极向“创新性能源基地”转变，众多学者也从景观视角研究矿区景观变迁下的土地可持续利用决策。新能源基地包括生物能源基地、风能基地以及太阳能基地，在提供能源的同时，保留了大面积的开敞空间（图5-21）。

（4）建设用地恢复区

将采矿迹地恢复为建设用地是缓解城市用地紧张的有利途径之一。可以考虑

图 5-21　采矿迹地生态恢复后作为农田、鱼塘、生物能源基地

（图片来源：作者自摄）

将这些生态潜力较低、景观位置相对不重要的采矿迹地优先作为城镇集中建设区，其中原有的煤矿工业广场、矸石压占地可以经过场地污染处理直接作为建设用地，而塌陷地需要等待地表稳沉后，通过挖深垫浅等土地平整工程措施，重建地面基础设施作为建设用地。

本研究假设将徐州市 GI 贡献度“非常高”及“高”的采矿迹地纳入城市 GI 系统，基于 ArcGIS 分析工具中属性提取功能和栅格转面功能，提取 *Cgi* 等级为 3 和 4 的采矿迹地范围，如图 5-23（*c*）所示。图中显示提取范围集中于贾汪片区、董庄片区、庞庄东片区、庞庄西片区大部分或部分地区，极少量分布于大黄山、垞城、新河-卧牛、张集片区（图 5-22）。在此基础上，设定面积门槛，再次提取面积大于 100hm^2 的斑块，最终得到建议纳入城市 GI 的采矿迹地范围，如图 5-23（*d*）。

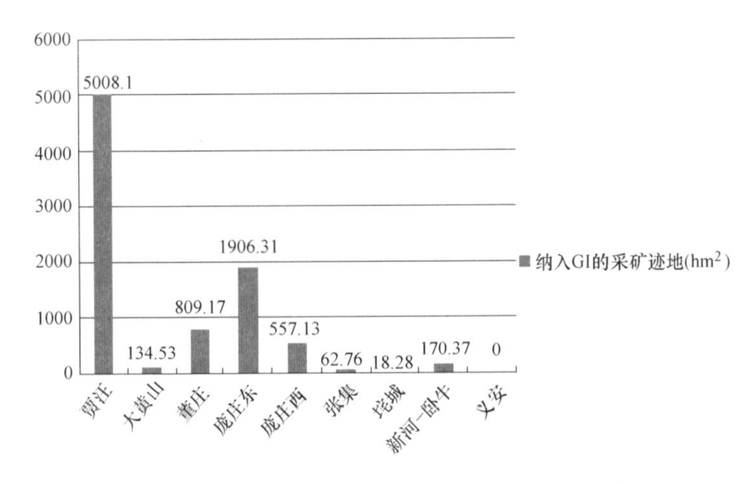

图 5-22　建议纳入 GI 的采矿迹地在各片区分布情况

（图片来源：作者自绘）

经过筛选的结果，仅分布在贾汪、董庄、庞庄东、庞庄西片区，它们通过增加新的斑块、扩大斑块面积、重新联系斑块、增加整体景观连接度等方式，对原有 GI 结构起到显著的优化作用。如新增的贾汪生态斑块面积较大，呈西南-东北方向楔入城市，将贾汪东北部方向的山体绿地延续到城市内部，加强了徐州市“三楔一心”的 GI 空间结构；董庄生态斑块北部与大洞山斑块南部相毗邻，增

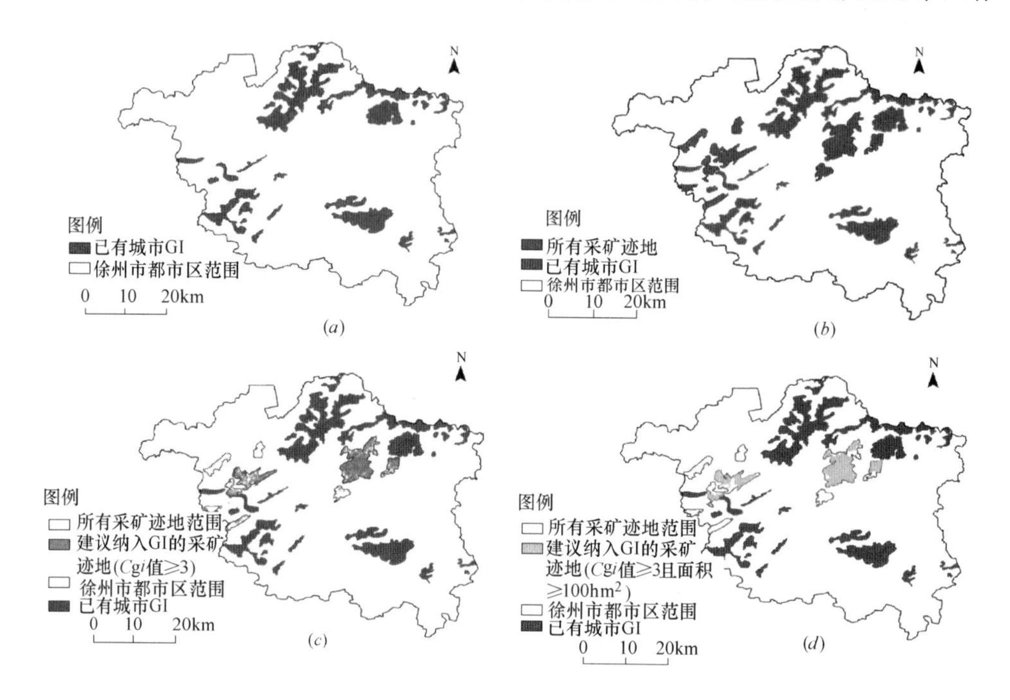

图 5-23　采矿迹地纳入城市 GI 前后变化过程

（*a*）原有 GI 结构；（*b*）采矿迹地与原 GI 的关系；（*c*）建议纳入 GI 的采矿迹地（*Cgi* 值≥3）；
（*d*）采矿迹地纳入 GI 后形成的新空间格局（*Cgi* 值≥3 且面积≥100hm²）

（图片来源：作者自绘）

加了原有斑块的面积；庞庄东生态斑块弥补了徐州市西北方向缺少大面积绿带的现状，促使城市形成新的“四楔”结构；而庞庄西生态斑块通过对于故黄河湿地的恢复，重新将沿河道的斑块联系起来。图 5-23 显示了采矿迹地纳入城市 GI 系统前后生态空间结构的变化过程。综合分析，这些采矿迹地生态斑块纳入 GI 的原因可知：

贾汪片区集中了徐州市 13 个煤矿，是徐州百年煤炭开采的发源地，京杭大运河及其支流不老河流经该区域，贾汪片区南部有较为集中的林地，区域内多常年积水、积水深度较大、水面较宽阔，水域面积达到总面积的 30.4%，由沉陷地恢复建设的潘安湖湿地公园已经被列入江苏省生态红线保护区，成为城市重要的生态功能保护区。

庞庄东片区东部虽然受到了过多的人为互动干扰，生态质量较差，但由于其

对于维护景观连接度的重要程度相对较高，即在 GI 结构中的位置较为重要，因此综合优先级评分较高。该区域内部水系丰富，大部分采煤沉陷地深度都高达 2m 以上，水体相互连通，水域面积占到总面积的 35.6%，其中九里湖的治理已经达到了较好的生态及社会效益。

庞庄西片区和董庄片区都拥有较高的植被覆盖度，其中庞庄西片区水网丰富，其中有故黄河湿地生态功能区，但是由于受到周边环境干扰降低了其生态重要性评价值，如数条高压走廊经过庞庄西片区。董庄片区与大洞山自然保护区、贾汪地下水饮用水源保护地毗邻，不老河经过该区域。

5.5　本章小结

本章对徐州都市区内的采矿迹地进行了生态恢复区划评价并提出相应恢复策略，证明该方法运用到徐州市采矿迹地生态恢复评价中是可行的。

（1）徐州市采矿迹地生态恢复区划评价的总体目标是完善现有城市 GI 结构，具体目标包括：增加城市 GI 结构中的生态斑块；扩大原有 GI 生态斑块的面积；增加城市 GI 结构的整体景观连接度。

（2）建立了融合生态重要性评价及景观连接度评价模型的生态恢复区划评价模型，证明采矿迹地自身的生态属性与其所在区域位置共同决定了其完善及优化城市 GI 的能力。

（3）确定了徐州市 GI 引导下采矿迹地生态恢复区划，将采矿迹地按照 GI 贡献度由高到低划分为保育型 GI 恢复区、游憩型 GI 恢复区、生产型 GI 恢复区、建设用地恢复区 4 类区域，各区域面积比别为 24.76%、33.19%、30.89%、11.16%，前两类区域主要集中于贾汪的大部分片区、董庄、庞庄东、庞庄西的部分片区，这些采矿迹地通过增加新斑块、扩大斑块面积、重新联系斑块、增加整体景观连接度等方式，对原有 GI 结构起到显著的优化作用。

总之，GI 引导下的采矿迹地生态恢复区划评价及管控措施的制定，是促进实现城市的整体生态功能的恢复与重建的重要途径，应该成为学术界及政府决策部门一致的目标和挑战。该研究思路打破采矿迹地生态恢复项目实践中局部生态恢复与区域整体目标结合不紧密的现状，建议在保证煤炭城市保护基本农田的粮食安全目标下，重视煤炭城市的生态安全底线，将整体生态功能及结构的恢复作为采矿迹地生态恢复的目标与方向。

第 6 章　城市 GI 引导下的采矿迹地生态恢复空间规划协调框架

前文运用景观生态学原理定量评价了 GI 引导下采矿迹地生态恢复时序及分区，如何实现这种大尺度下对于采矿迹地生态恢复的宏观管控和指引，必须依赖于完善的城乡空间规划体系。而目前我国城乡规划体系尚存在诸多问题，因此本章试图以实现 GI 引导下的采矿迹地生态恢复为目标，建立起相应规划协调框架。

6.1　我国空间规划对采矿迹地的作用机理

6.1.1　现有空间规划体系

第 2 章已经提到，我国空间规划体系，规划门类众多，相互关系复杂。构成我国空间开发与管制的三大基本规划体系包括：土地利用规划、城乡规划、国民经济与社会发展规划，分别来自国土资源部门、规划建设管理部门和发展与改革委员会组织编制并实施。

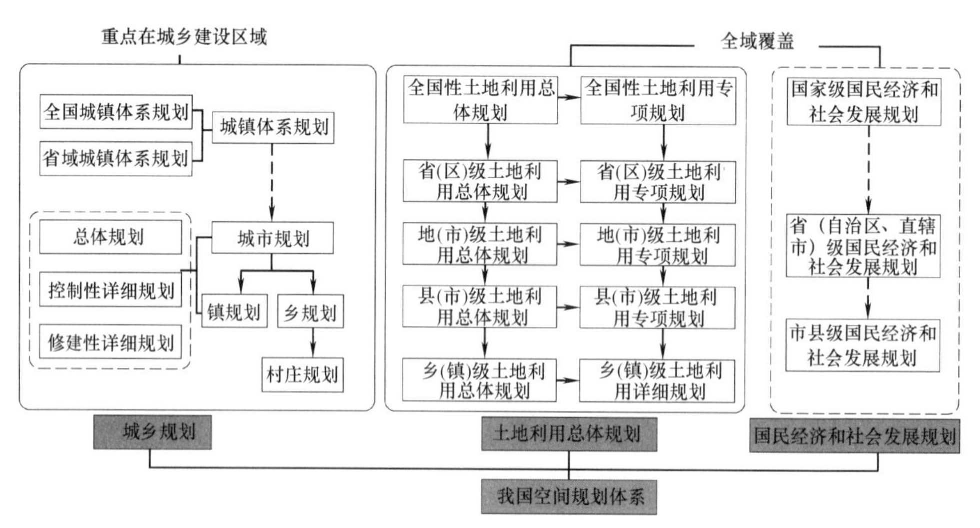

图 6-1　我国空间规划体系

（图片来源：作者自绘）

从图 6-1 中看出，三类规划体系相对独立，分别形成完整的规划体系，但其规划目标、规划内容、规划期限、规划范围等各不相同，上下层规划间的约束力有显著差别。由于各类规划之间缺乏衔接与协调，导致我国空间管理无序、生态保护失控、土地资源浪费等问题，“三规合一”或“三规协调”在我国一些城市已经尝试实践，但由于历史体制背景、部门利益冲突等原因，要理顺各规划间的关系还任重而道远[234]。

那么我国为什么会形成如此关系复杂的空间规划体系呢？原因在于我国空间规划行政体系框架发端于计划经济时期，由于人多地少的基本国情，国土管理得到重视，1998 年国土资源部（原地质矿产部、国家土地管理局、国家海洋局、国家测绘局合并而成）正式成立，专门负责国土专项管理。但相应的区域空间管理一度较为薄弱，具体的管理职能被分散到多个部门，形成多个部门主导各类空间规划的局面，形成了“政策无门”与“空间争夺”的现象[170]。国家计划（发展改革）部门分管重大项目落地，土地管理部门落实土地空间管制，城市规划部门分管城乡规划和建设，以确保计划经济条件下的政令畅通[235]。空间管理分散于多个部门，各部门都在争取对空间资源的话语权，以上三大规划行政系统同时展开类似性的规划[236]。

“多规并存”意味着我国空间规划体系行政主导权也存在相互博弈局面。三大空间规划主导部门在内的各个部门根据实践发展需要进行空间规划的研究与运作工作，有趣的是“谁都认为自己主管的规划才是总体规划”。空间行政体系的理不顺，导致规划编制混乱，各个部门以部门利益出发，在规划总极力维护部门利益，缺少部门间沟通和协作，这种现象在非集中建设用地表现更为明显。

总之，我国的空间规划体系正面临着新的时代困境与重构机遇[235]，目前对于不同空间规划之间的关系及协调已经成为各规划专业领域研究的热点，也不断通过各地展开的两规、三规、多规协调实践，寻求城乡一张图统筹规划方法。

6.1.2　各类规划对采矿迹地的管控作用

以徐州市为例，分析各部门空间规划对采矿迹地及其生态恢复的作用机理：

(1) 国土资源管理部门

国土资源管理部门是采矿迹地最直接的管理部门，组织编制和实施全市土地利用总体规划。针对煤矿区来说，国土部门要组织全市矿产资源的调查评价，组织编制实施全市矿产资源总体规划、地质环境规划，负责落实煤矿征地搬迁有关政策，承办煤矿用地、村镇搬迁等有关事宜，土地整治复垦开发，组织矿山生态环境治理。与采矿迹地生态恢复最为相关的两类规划为土地利用总体规划及土地复垦专项规划。

1)《徐州土地利用总体规划》(2006～2020 年)

土地利用规划是根据国民经济与社会发展规划设定的城市发展目标，立足于土地资源现状，遵循“合理利用土地和切实保护耕地”的基本原则，对于土地的开发、利用、管理在时间和空间上做出安排，土规的重点并不在于确定具体细分的土地利用功能而是在数量上协调各部门的用地需求。以徐州市土地利用总体规划为例，其对于采矿迹地恢复功能的引导更多在数量的规划和控制上，提出采矿迹地治理是徐州的土地利用战略重点，在规划内容中明确了采矿迹地生态恢复的目标与基本原则，并对规划期限内恢复的数量指标做出规定，具体如下：

采矿迹地生态恢复的目标及基本原则：“加大采煤塌陷地复垦力度，按照‘先征市区的、沉稳的、效益大的及群众反映大的’原则，全面启动采煤塌陷地征地工作，市区采煤塌陷地及废弃工矿用地优先安排用于建设再利用，铜山、沛县、贾汪的采煤塌陷地及废弃工矿用地优先复垦为耕地、园地、林地等农用地。零星农村工矿用地复垦和散落农村居民点用地搬迁与万顷良田建设工程相结合”。

采矿迹地生态恢复的具体指标要求：规划中第二十一条指出：“加大土地综合整治力度，严格落实土地复垦补充耕地任务，提升耕地和基本农田整体质量。规划期内，复垦采煤塌陷地及其他废弃工矿用地和交通水利用地6403.3hm^2，补充耕地1921.0hm^2”。

以上可以看出城市土地利用总体规划对于采矿迹地生态恢复引导与规划特征：

① 该规划从战略上充分重视采矿迹地，明确采矿迹地生态恢复是城市土地规划和利用的重要内容。

② 该规划强调采矿迹地生态恢复“近城则建，远城则耕”的原则。

③ 规划的核心目标是保护耕地。

④ 该规划是国家对土地最严格管理的集中体现，但偏重于数字式的土地保护管制方式，生态恢复目标以补充耕地数量为依据，在空间土地功能的选择和控制引导方面较为薄弱。

2）《徐州市工矿废弃地复垦调整利用专项规划》（2012～2015年）

该规划并不是强制编制规划，在2011年颁布的《土地复垦条例》中才明确提出，由县级以上人民政府国土资源主管部门编制，用以确定复垦的重点区域以及复垦的目标任务和要求，但该规划针对的是历史遗留和自然灾害损毁土地的复垦⑨，不包括责任明晰的采矿迹地。

该规划的主要任务是在调查工矿废弃地现状基础上，分析工矿废弃地复垦潜

⑨ 规划指出，工矿废弃地是指受工矿生产活动直接影响失去原来功能而废弃闲置的用地，包括废弃的工矿用地、废弃学校等矿区废弃生活设施用地、偏远厂区等矿区配套产业废弃地、废弃采石宕口、废弃码头等交通水利废弃地、征用的采煤塌陷地。

力，制定规划期内复垦调整利用目标，划定安排复垦调整利用项目区，估算投资、开展实施效益分析，制定规划实施保障措施。这里的“复垦潜力评价”实质是确定可复垦新增耕地系数，测算规划期内可实现的复垦潜力规模。根据复垦潜力划定工矿废弃地复垦区，形成徐州市工矿废弃地复垦调整利用规划图。

该规划同样以详细的数据形式设立了复垦调整利用规划目标。2012～2015 年规划期间，徐州市复垦工矿废弃地 2367.5926hm²，可新增耕地量 2115.3100hm²，复垦调整利用挂钩指标为 2115.3100hm²。各年度实施目标见表 6-1。

徐州工矿废弃地复垦调整利用年度实施目标

（图片来源：《徐州市工矿废弃地复垦调整利用专项规划（2012～2015 年）》）

表 6-1

年度目标	2012	2013	2014	2015	远期
复垦土地（hm²）	936.1923	886.1211	325.9143	219.3649	7656.5441
新增耕地（hm²）	832.8460	794.0276	293.1511	195.2853	4593.9265
复垦调整利用挂钩指标（hm²）	832.8460	794.0276	293.1511	195.2853	3062.6176

因此可以认为该规划是在符合土地利用总体规划框架下，针对采矿迹地的更为具体详细的规划。

① 规划调查及摸清了徐州市历史遗留采矿迹地的基本情况，为之后的规划决策提供依据。

② 规划目标仍以复垦为耕地为核心，围绕复垦潜力评价划定复垦区。

③规划将复垦土地与新增耕地的数量紧密联系起来，同时新增耕地数量可以作为补充建设用地指标。

（2）城市规划管理部门

《徐州市城市总体规划》（2007～2020 年）是城市规划部门的主要规划成果。在《城乡规划法》（2008 年）中明确规定，城市总体规划对规划区⑩都具有规划控制的效力，但实际上，规划区内的建设用地部分（中心城区）才是城市规划部门的核心作用范围。徐州市中心城区规划范围指西至泉山区边界，东含庙山镇，南至连霍高速公路以南和云龙区边界，北抵云龙区和鼓楼区边界，面积 573.19km²的区域。而徐州市仅有少部分采矿迹地位于中心城区内，大部分的采矿迹地位于城市主城区边缘或更为偏远的乡镇空间。城市规划管理部门对这部分

⑩ 《城乡规划法》（2008）所称规划区，是指城市、镇和村庄的建成区以及因城乡建设和发展需要，必须实行规划控制的区域。规划区的具体范围由有关人民政府在组织编制的城市总体规划、镇总体规划、乡规划和村庄规划中，根据城乡经济社会发展水平和统筹城乡发展的需要划定。徐州市城市规划区是指徐州市区行政管辖范围及睢宁县双沟镇，总面积 3126km²。

采矿迹地没有直接的管理权限，同时城市总规在详细规划层次也不涉及这些非集中建设用地，在城市宏观总体空间管制方面尚有部分内容涉及采矿迹地。

在徐州市总体规划中规划区的“四区”（已建区、适建区、限建区、禁建区）划定中，采矿迹地与地震烈度、洪水淹没区、岩土类型等因素一起被作为“限制建设区”（图 6-2），可以看出，采矿迹地在城市空间规划中仍是阻碍城市发展的因素。虽然在城市的生态格局规划框架中，也积极将九里湖、潘安湖、大黄山湿地郊野森林公园等纳入徐州“两湖、两轴、三区、四楔、六山、八水”基本生态结构中，但尚无详细规划。总之，城市规划对于采矿迹地的规划管控极其有限，规划文本中几乎没有专门涉及。

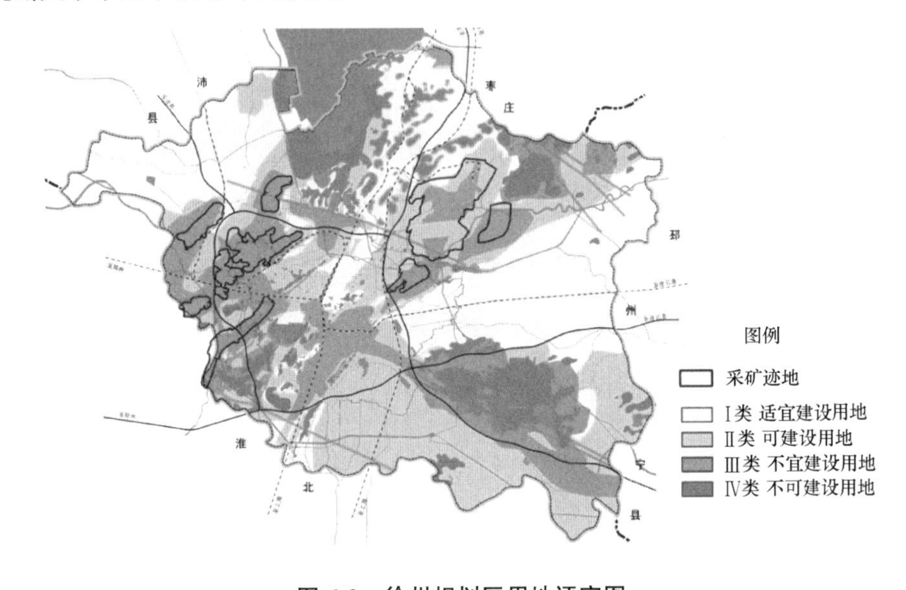

图 6-2　徐州规划区用地评定图

（图片来源：《徐州市城市总体规划（2007～2020 年）》）

(3) 发展改革委员会

发改委及其国民经济和社会发展规划本身是计划经济的专有产物，具有较高权威性，对其他部门及其规划具有直接“指令性”影响，地方发改委从全市国民经济长远发展、生产力布局等较高视角，对于采矿迹地的生态重建或矿区复兴具有一定的政策引导，同时负责相关重点项目的推进，而相对微观层面的空间规划涉及很少，是典型的政策性规划。《徐州市国民经济和社会发展第十二个五年规划纲要》（2011 年）第四节提出：“大力推进采煤塌陷地、工矿废弃地和破损山体的生态修复与治理，推进中德合作共建生态示范区和潘安湖湿地生态经济区建设”。

另一方面，徐州作为《全国老工业基地调整改造规划》规划范围中的 95 个地级老工业城市之一，成为我国老工业基地振兴由东北地区向全国范围统筹推进的试点。《全国老工业基地调整改造规划》(2013～2022 年）于 2013 年由国家发改委制定并层级落实。这个规划同样属于政策型规划，从投资、财政、融资及土地方面为这些老工业城市提供了大力扶持的政策措施。比如土地政策，地方各级人民政府安排土地整治项目时，优先考虑老工业基地采矿迹地治理和土地复垦等，这些措施进一步促进了采矿迹地生态恢复的全面开展，但在空间上无法具体指导采矿迹地生态恢复工作。

(4）其他非法定规划

由于土地利用总体规划对于非建设用地缺乏详细规划，而城市规划部门的主要工作又集中在城市建成区，位于非建设用地上的大量采矿迹地需要更详细的空间规划指导，因此各类非法定规划涌现，尤其是位于城市边缘区、经济社会环境较复杂的采矿迹地不乏各类型的规划。有的规划由市政府及区政府委托编制，还有很大一部分由矿山企业委托编制，规划编制的目的和方案各异。如庞庄东、西塌陷片区属于徐州九里区，围绕该采矿迹地编制了数次规划（表 6-2），规划繁多及混乱导致在生态恢复实施中“无规可依”。

不得不提的是，徐州市在 2008 年还以多部门合作的形式完成了针对规划区内所有采矿迹地的《徐州矿区塌陷地生态修复规划》，该规划由徐州城市规划部门、国土规划部门及高校联合完成。根据城市总体规划及土地利用总体规划等上位规划，对徐州规划区范围内的采矿迹地进行了系统梳理，并从规划区、九里塌陷实验区、九里塌陷启动区三个层次对塌陷区及其周边进行规划设计。

采矿迹地相关非法定规划（庞庄东、西片区）

（表格来源：作者自绘）　　**表 6-2**

名　称	编制单位	委托单位	主要内容
《徐州市九里分区规划 2003～2020 年》	南京博来城市规划设计研究有限公司	徐州市规划局、徐州九里区人民政府	重点对九里区内茅夹铁路以南进行总体规划，对于茅夹铁路以北的塌陷区域进行了初步的道路规划，并未涉及塌陷影响范围及稳沉情况等特殊影响因素给规划带来的复杂问题
《徐州市九里湖周边地区概念性总体规划及起步区城市设计(2007 年)》	清华大学建筑设计研究院和城市规划设计研究院	徐州九里区政府	该规划呈现出“一湖两轴八片区”的空间规划结构，通过多方面的措施保护湿地的开发与利用，促进研究区域与周边环境、人类发展的和谐发展
《徐州矿区塌陷地生态修复规划(2009 年)》	中德能源与生态环境研究中心	徐州九里区政府	将矿区塌陷地纳入城市总体功能和结构当中，分析地块现状及未来产业定位，结合采煤塌陷地的生态恢复与治理，进行生态修复总体规划，重塑地区景观、促进城市产业结构的升级、空间结构的调整

续表

名　称	编制单位	委托单位	主要内容
《徐州市城北开发区总体规划（2011年）》	南京博来城市规划设计研究有限公司	徐州城北开发区管委会	通过现状水系整理，景观渗透，地区产业定位与选择，湿地建设，拓展了用地紧缺的泉山区发展空间，使城北开发区更好的融入主城，促进地区经济社会加速发展

一方面，该规划对规划区内几近20余万亩的采矿迹地做了详实的实地踏勘和调研，较为客观的掌握了采矿迹地当时的数量及状态。可以肯定的是，规划立足“矿、城、乡统筹发展”视野，将采矿迹地生态环境恢复同城市空间拓展、村庄搬迁、小城镇建设一体化结合在一起，打破城乡界限，根据城市未来发展方向和村镇建设重点进行科学复垦和合理规划。这个规划的出台得益于国土部门及城规部门的紧密合作，国土部门提供了大量的实时数据，而规划部门提供了一套详细空间规划的具体思路和方法。

但另一方面，该规划缺少一定生态学方面调研及评价，仍然是以城市规划的编制技术手段（如土地规划用途分类等）来进行，难免不足，且从产业及社会方向考虑较多，从生态角度考虑略少。

(5) 企业规划：土地复垦方案

更确切地说，土地复垦方案是针对工程实践而制定的，土地复垦方案在《土地复垦条例》（2011年）中第十三条明确提出，“土地复垦义务人应当在办理建设用地申请或者采矿权申请手续时，随有关报批材料报送土地复垦方案”，同时规定：“土地复垦义务人未编制土地复垦方案或者土地复垦方案不符合要求的，有批准权的人民政府不得批准建设用地，有批准权的国土资源主管部门不得颁发采矿许可证”。《条例》促进了土地复垦方案编制与审查制度的建立，使其成为推动土地复垦工作的一个重要环节。

根据《条例》要求，土地复垦方案应当包括：项目概况和项目区土地利用状况；损毁土地的分析预测和土地复垦的可行性评价；土地复垦的目标任务；土地复垦应当达到的质量要求和采取的措施；土地复垦工程和投资估算；土地复垦费用的安排；土地复垦工作计划与进度安排等。2011年发布的《土地复垦编制规程》为土地复垦方案编制工作的科学性和可操作性提供了依据。但由于土地利用规划在空间规划上的不足，土地复垦方案往往缺乏上位规划的指导。

6.2 采矿迹地生态恢复“无规可依”的症结剖析

6.2.1 非建设用地管控缺失导致采矿迹地无规可依

从上文分析各类规划对采矿迹地指导作用来看，采矿迹地面临着“规划众多，但无规可依”的境地，而我国空间规划体系对非集中建设用地管控缺失，正是导致众多采矿迹地缺乏空间规划指引的直接原因。

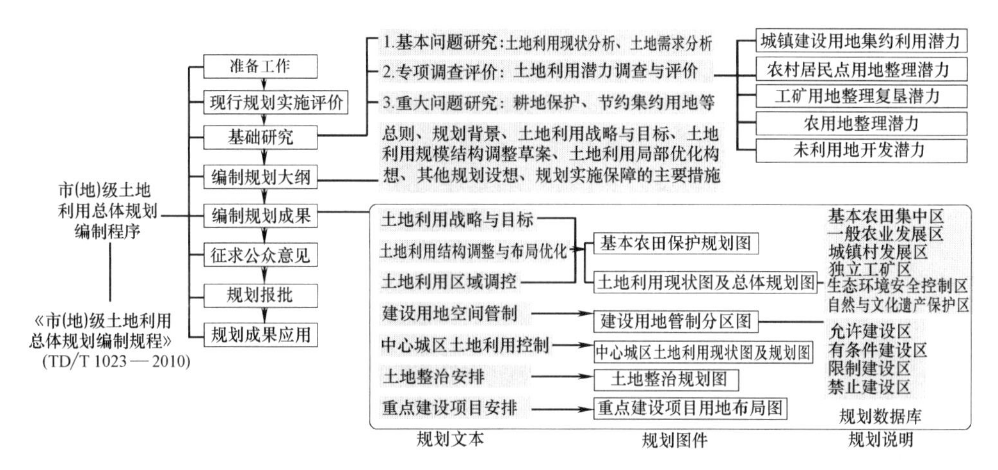

图 6-3　我国市（地）级土地利用总体规划编制程序及相应内容

（图片来源：作者自绘）

首先，我国城市总体规划不能承受之重。虽然在《城乡规划法》（2008 年）颁布后，从理论研究到规划实践，已经从仅仅关注建成区迈向城乡统筹规划和发展，《城市用地分类与规划建设用地标准》（GB 50137—2011）也明确提出“城乡用地”的概念，但要做到真正地对城市建成区之外的非建设用地进行有效的规划管控，对城乡区域整体研究，绝不是该规划自身能解决的。

具体从规划编制角度来看，根据《城市规划编制办法》第二十二条至第二十四条的规定：“根据城市规划的深化和管理的需要，一般应当编制控制性详细规划，以控制建设用地性质，使用强度和空间环境，作为城市规划管理的依据，并指导修建性详细规划的编制”。而控制性详细规划的调控与管理的重点是在建成区范围内，对城市非建设用地的保护或修复规划几乎是空缺，对该区域缺乏系统的评价和控制措施、缺乏科学的规划指导和有效管理[164-165]。因此，非建设用地游离于各规划部门的控制体系之外，缺乏规划管理依据，如城市总体规划只是划定了塌陷地等采矿迹地的大致范围，对于其没有空间上的控制性规划措施。

其次，国土部门的土地利用总体规划在价值取向、编制内容和运作机制方面都存在局限性，在具体运作过程中通常采取被动管理、总量计划控制和允许易地开垦等管理方式[170]，属于一类“数字”型指标管控规划，对空间布局规划和管制显得非常薄弱，从规划编制的整个程序来看（图 6-3），不论是规划基础研究，还是最终的规划编制成果，都可以看出其“指标管控”的特征，不能科学指导用地布局和管制。同时可以看出该规划体系同现有城乡规划体系相似，无论是耕地保护，还是建设用地规模控制，都突显了以“人的需求”为中心的规划出发点，突显我国规划体系的生态实效的困境。

6.2.2 景观规划不足及空间规划体系生态实效缺失

要实现GI引导下的采矿迹地生态恢复，必须基于完善的生态空间规划与管制体系，建立起景观生态规划与空间规划之间的紧密联系。但我国的生态空间管理分散于多个部门，多规并存的规划体系也意味着各个规划部门对生态空间的规划管控缺乏衔接，具体来讲，我国的生态空间相关规划存在以下不足：

① 规划编制角度来看，城市规划部门编制的城市绿地系统规划对城市外围的采矿迹地几乎没有涉及。虽然按照《城市绿地系统规划编制纲要（试行）》，城市绿地系统规划包括“城市各类园林绿地的规划建设”和“市域大环境绿化空间的规划布局”两个层次，但实际中绿地系统规划同城市总体规划一样，仍然将工作重点放在城市建成区的绿地规划上，市域层面绿地系统规划内容较为宏观，缺乏可操作性，其相关的基础资料的详实度、准确度及精细度都难以保证[237]。如在徐州市城市总体规划中，庞庄东、西塌陷片区被规划为“连接故黄河和微山湖的绿色廊道”（图6-4），但由于采矿迹地处于城市建成区外围，绿带及绿廊具体边界的划定、土地利用的详细规划都难以在其绿地系统规划中体现。

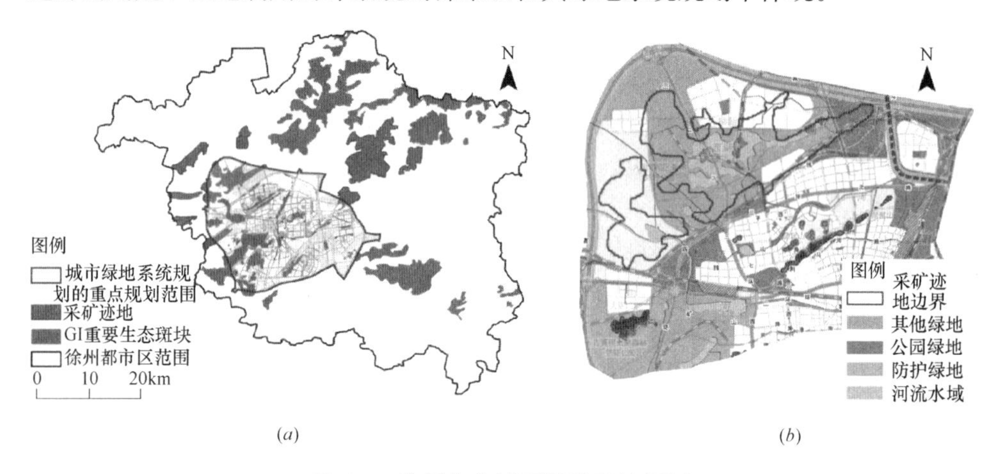

图6-4 徐州市主城区绿地系统规划

（a）主城区；（b）庞庄东、西片区

（图片来源：根据《徐州市绿地系统规划》（2005～2020年）改绘）

此外，虽然城市规划及国土部门编制的禁限建区规划、环保部门组织编制的重要生态功能保护区等区划管制在一定程度上对于保护自然资源具有重要意义，但禁限建区等多围绕空间开发建设划定区划，同时自然保护区、水源涵养区等往往呈现孤立保护的现状，对区域整体生态结构考虑不足，且重保护，轻恢复，对具有生态潜力的空间较少关注。

② 空间规划用地分类来看，我国对于生态用地尚未形成统一的概念界定，现行的土地利用分类体系缺少对地类生态属性的考虑，难以服务于土地资源的生态管理[238]。同时，大部分采矿迹地位于城市建成区之外，虽然在新发布的《城市绿地分类标准》CJJ/T 85—2017 中增加了区域绿地类型，将位于城市建设用地之外的具有城乡生态环境保护功能的绿地进行了细类划分，但棕地作为一类受到污染或具有环境问题的土地，也应单独归类并予以重视。

③ 规划实施角度来看，虽然有些城市也不乏各类生态空间规划，这些规划文本上表现出人与自然协调的美好生态愿景，但是真正能够落实到具体空间的屈指可数，往往由于规划法律地位缺失、政策保障不足等流于形式，未能真正指导法定规划的制定[239]。或者在规划编制过程中，往往以经济发展为导向，先进行重大产业及建设用地布局，然后再通过生态适宜评价等手段为建设布局“寻找”科学依据[240]。这种现象的根本原因在于我国生态空间规划的法源缺失，且种类众多，没有统一的规划编制技术方法，同时各类规划与法定的城市总体规划、土地利用总体规划等之间缺乏法定衔接，规划政策与引导技术薄弱。这种法定规划与生态规划“两张皮”的现象普遍存在，已经成为众多学者关注的重点[209,241]。

总之，虽然我国进入 21 世纪后在景观生态学研究领域取得较大进展，在实践中深圳、广州等城市也已经对整个市域进行了景观生态评价及规划，但总体上缺乏法源清晰、与法定规划联系紧密的、层级递进、基于科学生态调研及评价的景观规划体系。

6.2.3　采矿迹地生态恢复专项规划的生态指向不明

采矿迹地相关专项规划可以理解为指导生态恢复实践开展最直接详细规划。包括，对于责任人明晰的采矿迹地由矿山企业在开采之前编制土地复垦方案，对于历史遗留采矿迹地则由县级以上人民政府国土资源主管部门组织编制的土地复垦专项规划，但两类规划都存在生态指向模糊的问题：

土地复垦方案的编制与审查制度的建立，是《土地复垦条例》（2011 年）颁布后推动土地复垦工作的重要举措之一。同时《土地复垦方案编制规程》（TD/T 1031—2011）分别针对露天煤矿、井工煤矿、金属矿、铀矿等制定了编制规程，为土地复垦义务人指明了复垦的方向。方案要求依据土地复垦适宜性评价结果，确定土地复垦的目标任务，包括拟复垦土地的地类、面积和复垦率，编制复垦前后土地利用结构调整表等。然而从土地复垦方案的编制内容上来看，仍然偏重于局部土地的工程类治理，强调“复垦质量制定不宜低于原（或周边）土地利用类型的土壤质量与生产力水平”，从生态学角度对土地本身的生态调查及评价涉及较少，对土地外围的整体生态环境也考虑不足。

大量历史遗留采矿迹地生态恢复依据国土部门编制的土地复垦专项规划展

开，目前徐州、淮北等城市已经相继编制完成各市土地复垦专项规划，用于确定复垦的重点区域、目标任务和要求，但目前该类规划尚未出台具体的编制技术规范，仅根据《条例》第三十条可看出，专项规划仍以单一地块的再利用为目标，在“土地复垦潜力分析、土地复垦重点区域和复垦土地利用方向确定，土地复垦项目的划定及复垦土地的利用布局和工程布局”等方面做出规划，围绕土地复垦潜力对土地进行功能安排，对区域生态空间结构与功能重建考虑较少，难以整体提升生态系统功能。此外，在徐州市的《工矿废弃地复垦调整利用专项规划》（2012～2015年）尚未包含所有的采煤塌陷地，只是将征用过的塌陷地纳入规划范围，而井工开采矿井，企业往往是先用地，在造成一定破坏以后再征用、复垦和补偿，大量未征用地未得到重视。

除此之外，我国众多学者以生态规划的理论和方法作为主要手段开展了矿区生态修复规划研究，如北京市门头沟区生态修复规划，肥城矿区生态损害评价及生态修复规划。这类规划针对采矿引发的退化生态系统，以采矿迹地集中分布的矿区为研究范围，对矿区生态环境破坏程度、矿区损毁土地的修复利用结构、生态系统的构建组合方式以及修复技术方法的合理利用、生态修复工程的规模及布局等在时间、空间上所作的合理安排与布局[227]。但这类规划仅是研究性质的，在法律上缺乏规划的权威性，较难实施且不能广泛推广。

6.2.4 矿、城、乡分离导致各类规划之间缺乏协调

煤炭城市面临“耕地保护”、“城市建设”、“矿产开采”、“自然资源保护”多方面的土地利用诉求及压力，对于空间资源的争夺表现尤为明显，而目前各规划部门相互分割的行政权限及规划编制本身的缺失，都进一步造成采矿迹地用地规划的混乱局面。

理论上规划作为政府职能，第一不能超越其行政辖区，第二不能超越法定的行政事权[155]。采矿迹地分布极其广泛，从城市中心城区到城市边缘、偏远乡村地区都有分布。采矿迹地的规划行政权争夺，本质是城乡规划与土地利用总体规划的行政辖区重叠及行政事权模糊。《城乡规划法》（2008年）第一章第二条指出：“制定和实施城乡规划，在规划区内进行建设活动，必须遵守本法”。而《土地管理法》各级的土地利用规划在指标上是严格对应的，这些严格的指标管制从国家到地方，其行政辖区覆盖整个国土范围。两类规划的行政辖区是重叠的，也因此造成了二者对采矿迹地，特别是城市边缘区的土地出现的空间争夺和冲突。

这种争夺起源于我国经济导向下的“土地财政”和城市经营的体制背景，城乡建设的大规模扩张和土地价值日益显现，政府从中获得巨大财政收益，导致区域空间资源受到前所未有的重视[108]，空间规划及管制的话语权成为各部门争夺的目标。同时我国规划往往还受到政府或某些领导的个人意志的影响，换一届领

导换一个思路，规划也随之改变。徐州市潘安湖塌陷区在建设城市湿地公园之前，刚刚完成国家投资的土地复垦项目，依据农用地复垦标准，该地块已经进行了土地整理验收，然而湿地公园建设的新决策使得地块需要重新按照湿地公园标准进行场地设计和建设，复垦农田被二次破坏，国土部门将项目资助基金归还国家，规划之间的更迭造成了人力物力巨大浪费。

其次，各类规划在其编制内容上对于采矿迹地的用地规划也并不统一。对比城市总体规划中的“四区”划定与土地利用总体规划中的建设用地空间管制区划，两者对于采矿迹地的建设适宜性和区划管制存在明显差异（图 6-5、图 6-6）。叠合城市规划部门的“四区”划定与采矿迹地边界，除了九里湖、潘安湖等

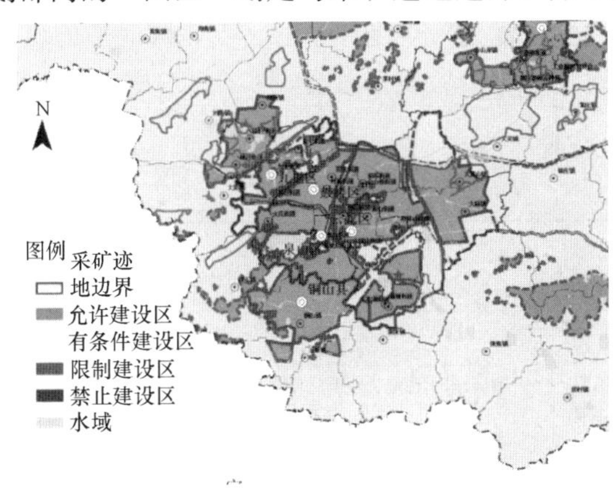

图 6-5　采矿迹地与城市总体规划规划区“四区”划定叠加图

（图片来源：《徐州市城市总体规划（2007～2020 年）》）

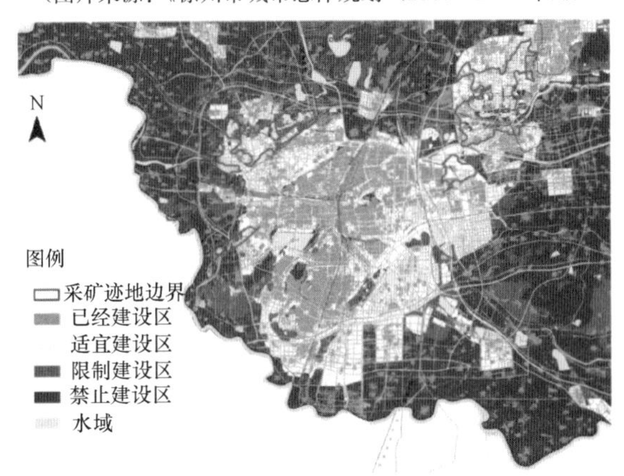

图 6-6　采矿迹地与土地利用总体规划建设用地空间管制叠加图

（图片来源：《徐州市土地利用总体规划（2006～2020 年）》）

大水面塌陷区，大部分距离建成区较近的采矿迹地是以适建区和已建区出现的，而偏远地区的一般为禁建区和限建区；从国土部门空间管制区划与采矿迹地叠合结果看，对比前者，有更多采矿迹地被界定为限制建设区。这种差异是非常有趣的，显示了两个部门的规划诉求不同，城市规划部门对建设用地的“渴求”和国土部门对建设用地的“控制”是两者差异的根本原因。

6.3 城市GI引导下的采矿迹地生态恢复的规划协调框架

本章的城市GI引导下的采矿迹地规划协调框架，本质是从“经济”为导向的传统规划体系向“生态优先”规划体系的转变，同时考虑煤炭城市特征，将法定规划与矿区及土地复垦等专项规划融合，实现采矿迹地在区域层面的统筹规划（图6-7）。

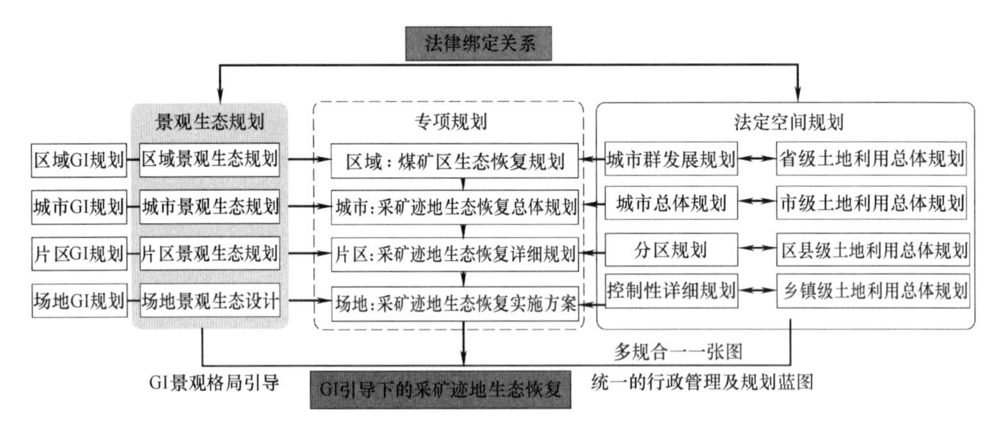

图6-7 城市GI引导下的采矿迹地生态恢复规划协调框架

（图片来源：作者自绘）

6.3.1 法定规划：建立采矿迹地统一规划的多规融合背景

多类规划之间行政主体多元、编制内容冲突使得采矿迹地“无规可依”或“有规难依”，建立统一协调的“多规合一”的空间规划体系，是城乡区域背景下采矿迹地统一规划的前提。目前在国家及地方层面都开始鼓励多规合一的实践及改革。2014年12月，国家发展改革委、国土资源部、环境保护部和住房和城乡建设部四部委联合下发《关于开展市县“多规合一”试点工作的通知》，提出在全国28个市县开展“多规合一”试点。虽然尚未涉及徐州、淮北等煤炭城市，但在整个大的规划整合趋势下，煤炭城市也势必要积极响应国家“多规合一”的政策，结合煤城空间发展的特征及突出问题，建立“多规合一”规划体系改革试验机制。多规合一最直接的表现是多类规划成果的静态协调，即实现“一个市县一本规划、一张蓝图”的目标，“以城乡规划为基础、以经济社会发展规划为目标、以土地利用总体规划提出的用地为边界、探索整合相关规划的控制管制分区，划定城市开发边界、永久基本农田红线和生态保护红线，形成合力的城镇、农业和生态空间布局，以生态红线为底线，实现全县（市）一张图、县（市）域全覆盖”。这一举措为在城乡背景下统筹考虑采矿迹地，获取统一数据、建立统一规划目标、统一管理机构提供了历史机遇，将有利于解决采矿迹地生态恢复、城市生态建设、矿产资源开采与开发建设矛盾等突出问题。其中最主要的是协调矛盾突出的土地利用规划与城市总体规划。

除此之外，仅仅多种规划成果“合一”并不能彻底解决采矿迹地生态恢复无规可依的问题。必须在多规合一的基础上，基于矿、城、乡一体背景，增强非建设用地的规划编制技术，建立政策引导下的非建设用地规划控制体系，将非建设用地纳入科学而严密的控制管理轨道。目前城市总体规划和土地利用总体规划在不改变规划编制的内容及方法前提下是难以做到对非建设用地的合理管控的，因此建议从用地分类、规划编制深度、规划行政事权等方面对这两类规划进行优化及协调。

6.3.2　非法定规划：建立指导空间规划的景观生态规划体系

上文谈及，我国生态空间规划和管控存在“多规并存、管制缺失”的混乱局面：绿地系统规划仅对城市建成区范围内的生态用地具有“见缝插针”式的被动规划；禁限建区规划对生态空间仅仅处于“点状及被动式”规划保护阶段，且存在规划内容上的冲突；其他非法定景观生态规划（非建设用地规划、生态网络规划、绿带绿道规划）往往因为法定地位不足而流于形式。因此，我国的生态空间规划种类及数量虽多，但相互交织、系统混乱，真正发挥作用的几乎没有，导致我国生态空间管制的缺陷。GI规划是景观规划的一部分，因此，要实现GI导向下的采矿迹地生态恢复、促进矿业城市空间的可持续发展，首先需要一个权责清晰、层级明确的景观生态规划体系。

德国在土地保护和生态重建方面取得卓越成就，其中完善的景观规划体系功不可没。景观规划作为德国一类规划工具，是在空间范畴中涉及物种及栖息地保护、休闲娱乐景观的一类规划学科[191]。德国在1976年出台《联邦自然保护法》，该部法律提出了景观规划的基本框架，其最主要的目标是将景观规划作为解决自然保护和可持续发展问题的工具，建立起景观规划的法律效力，这种效力体现在景观规划与土地利用规划的关系绑定上[152]。景观规划包括景观政策规划（Landscape programe）、区域景观规划（Regional landscape programe）、景观规划（Landscape plan）和绿地结构规划（Green structure plan）四个层面，同综合空间规划一一对应，相互平行，为空间规划提供决策。景观规划在德国是全域覆盖的，景观规划除其他信息来源外，还拥有栖息地分布等专业数据库。

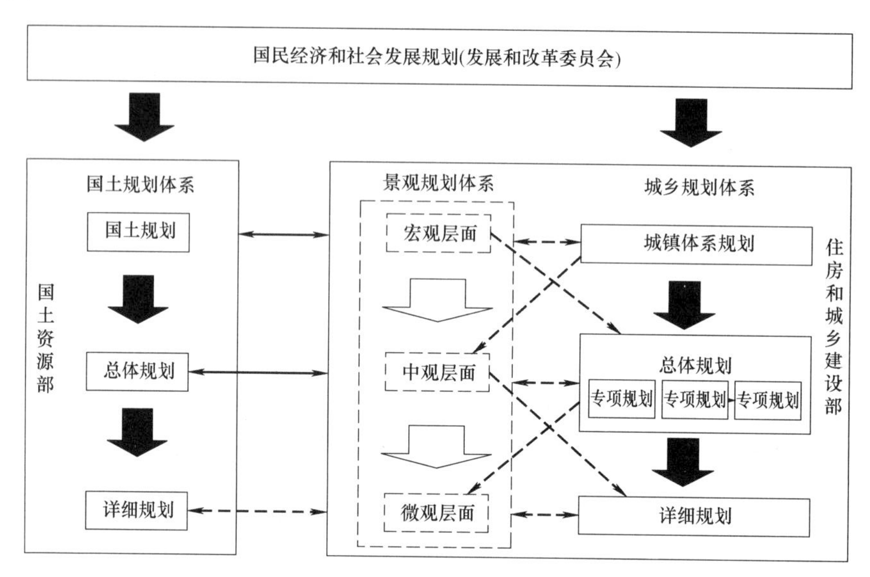

图 6-8　我国景观生态规划体系调整建议

（图片来源：参考文献［173］改绘）

作者认为，在目前我国规划门类繁多的境况下，建立一个类似层级递进的景观生态规划体系不失为一个有效的改革方向。事实上，已有学者意识到我国生态空间规划存在的问题，提出重建景观生态规划体系的建议[164,173]，设立独立的管理机构，由国务院设立管理全国景观资源的专门机构，做好全国范围内景观资源的普查和评估工作，同时在省、市层次设置垂直的分支管理机构，直管各个层面的景观资源（图 6-8）。需要强调的是，由于煤炭城市生态空间受到矿产资源开采及城市化的双重威胁，大量采矿迹地亟待恢复，其各层级景观规划的目标也要符合煤炭城市的特征，将采矿迹地生态恢复纳入到城市 GI 构建的目标中，强调生态保护与恢复并重，优先恢复位于 GI 关键位置、对优化 GI 有重要作用的采矿迹地，从 GI 整体结构及功能发挥出发，科学评价采矿迹地的生态恢复区划及时序，为城市采矿迹地生态恢复总体规划提供依据。同时采矿迹地的形成、稳定过程伴随着矿业开采始终，是一个动态而复杂的过程，因此也要重视基于沉陷预测的 GI 规划动态更新。

6.3.3　专项规划：建立景观规划引导下的专项规划体系

空间规划协调及层级景观规划体系的构建，为 GI 引导下的采矿迹地生态恢复提供了严密的科学框架，但还需要更为详细的采矿迹地生态恢复专项规划，目前的土地复垦方案或土地复垦专项规划存在缺乏宏观目标、缺乏景观或区域尺度生态恢复评价、缺乏长期生态调查、缺乏部门协调等问题，因此必须打破土地复垦专项规划孤立存在的现状，将其积极融入城乡规划背景中，加强其同城乡空间规划的衔接，建立一套自上而下、从宏观指引到微观控制的采矿迹地生态恢复规划体系，即“煤矿区域生态恢复规划——城市采矿迹地生态恢复总体规划——集中矿区生态恢复详细规划——土地复垦及生态恢复实施方案”，与不同层次景观规划以及空间规划相对应，尤其强调景观规划对于各层级生态恢复规划的基础指导作用。

① 煤矿区域生态恢复规划：属于区域性规划，即专门针对大的煤田区域进行的规划，可能跨越城市行政界线，对开采范围、地表水系、地下水影响范围、开采后生态环境影响等做出描述及评价。如德国的褐煤规划对采矿迹地景观重建做出明确的规定[41]。又如1923年鲁尔煤区社区联合会（SVR）提出“区域公园”概念规划，以及1985年鲁尔区地方联合会（KVR）提出“鲁尔区开敞空间体系”规划，都属于区域层次的煤矿区生态空间规划，但本研究尚不涉及区域尺度。

② 采矿迹地生态恢复总体规划：是在对采矿迹地相关数据的整体把握基础上，以完善城市景观生态格局（GI优化）为目标对其恢复时序及分区进行规划，确定采矿迹地土地用途的大类划分，加强采矿迹地与城市空间布局的联系，回答采矿迹地作为建设用地还是非建设用地，是否可以纳入GI系统等问题。该规划应与现有土地复垦专项规划相结合，依据相应层次的景观规划，与城市总体规划与土地利用总体规划相协调。该规划旨在打破采矿迹地封闭的规划管理界限，将其作为城乡统筹发展的资源和机遇，改变采矿迹地的负面形象，积极保护城市边缘区具有较高生态价值的采矿迹地。

③ 采矿迹地生态恢复详细规划：依据采矿迹地生态恢复总体规划，通过生态适宜性评价确定采矿迹地具体的生态恢复土地用途，并确定具体空间设计方案。

④ 采矿迹地生态恢复实施方案：选择具体的生态恢复技术及模式，确定恢复植被，指导实践工作。

总之，采矿迹地土地复垦及生态恢复专项规划一定不能“以地治地”，必须统筹全局考虑，以煤炭城市空间的可持续发展为目标，建立采矿迹地生态恢复与景观生态规划的密切联系，重视城市边缘区采矿迹地的生态价值，同时有必要改进目前土地复垦方案及专项规划的编制技术，由数字型规划向空间型规划转变，充分结合景观生态规划，增加生态方面的基础调研和科学评价，依据采矿迹地在城市景观格局中的位置和地块本身生态特性，按照分级控制、分类修复、分期实施的步骤对采矿迹地进行整体规划。对于将要出现的采矿迹地，应该从源头控制，加强土地复垦方案与环境影响评价的联系，并将其分阶段考虑到城市采矿迹地生态恢复总体规划中。

6.3.4 衔接与融合：GI 引导下采矿迹地生态恢复空间规划协调机制

要实现 GI 引导下的采矿迹地生态恢复，必须将多规合一的空间规划、景观生态规划以及采矿迹地生态恢复专项规划置于统一平台，从规划目标、编制时序及编制内容等方面加强三者之间的联系。不同的规划涉及的部门众多，空间规划涉及城市规划部门及国土部门，景观规划涉及独立的景观资源管理机构，采矿迹地生态恢复专项规划可以由国土部门领头、城市规划部门、景观资源管理机构配合组织编制，各个部门需要统筹协调，明确各自行政职能，建立煤炭城市完善的规划协调体系（图 6-7）。

在规划目标设置中，强调要将其他规划目标统筹融入自身规划目标中。比如城市景观生态规划或城市 GI 规划目标必须考虑到煤炭城市的特殊性，将采矿迹地生态恢复作为其规划的重要目标之一；多规合一下的空间规划协同必须考虑到采矿迹地对城乡空间布局的影响，同时城市发展要优先保证城市 GI 结构的完整；采矿迹地生态恢复专项规划的目标必须兼顾城市 GI 重构以及城乡布局优化的目标，因此三类规划的目标是兼容及统一的。

在规划编制时序上，强调景观规划（包括 GI 规划）先行、景观规划（包括 GI 规划）为核心的空间规划衔接体系。景观规划是各类规划编制的基础，应该最先予以编制，景观规划先行从本质上改变禁限建区规划、绿地系统规划等法定生态空间规划“被动”的、受制于“经济活动”的现实。景观规划，尤其是其中的 GI 规划不仅仅是划定建设用地边界、生态空间分级保护的工具，在煤炭城市还必须承担起引导采矿迹地土地复垦和生态修复的作用，使得将有限的资源和成本用于最为关键的恢复地段，提高采矿迹地生态恢复效率，从而实现煤炭城市整体 GI 结构的优化以及城乡空间的可持续发展。

在规划编制内容上，景观规划（包括 GI 规划）成果必须有效反映在多规合一的“一张图”规划中，以及土地复垦规划编制内容中，比如各层级的禁限建区规划必须按照景观规划的结果来划定，绿地系统规划也必须与景观规划协调，不同层次的采矿迹地生态恢复规划更要与景观规划相对应。

要实现这些规划之间的有效的衔接，一方面必须以法律的形式界定各个规划之间的关系，如通过法律规定空间规划必须依据景观规划编制，又如出台地方性的《土地复垦及生态恢复规划管理办法》，将规划之间以法定形式互相约束在一起。另一方面也必须建立起多规协作的部门合作平台，包括农林部门、水利部门在内的专业管理部门，必须同土地管理部门、城乡规划部门、发改委、环保部门实现顺畅的沟通渠道与公开的信息平台。

6.4 本章小结

本章剖析了现有空间规划对采矿迹地生态恢复的作用机理及症结所在，提出城市GI引导下的采矿迹地生态恢复规划协调框架。主要结论如下：

（1）虽然我国规划种类繁多，但由于大量采矿迹地位于城市建成区边缘或外围空间，因此处于“多规并存，无规可依”的状态，剖析原因如下：城市规划偏重于建成区的规划管控，而国土部门规划偏重数字型指标性规划，在空间布局上对采矿迹地的指导非常薄弱，发改委编制的国民经济及社会发展规划多偏于宏观指导，为政策性规划，多数法定规划门类众多，但缺乏法院依据，无法实施。

（2）提出阻碍实现“GI引导下的采矿迹地生态恢复”的规划症结：非建设用地规划管控缺失导致采矿迹地无规可依；景观规划体系不完善且空间规划生态实效缺失；采矿迹地生态恢复专项规划的生态指向不明且难以在城市背景统筹考虑；矿、城、乡分离导致各类规划之间缺乏协调与衔接。

（3）建立起城市GI引导下的采矿迹地生态恢复规划协调框架，主要构架为：①建立采矿迹地统一规划的多规融合背景；②建立与空间规划层级对应的景观规划体系；③制定GI引导下的采矿迹地生态恢复专项规划体系；④构建矿、城、乡协同发展的采矿迹地协调机制。

第7章 城市GI引导下的采矿迹地生态恢复规划的实施保障机制

实现城市GI引导下的采矿迹地生态恢复，完善空间规划体系是关键，上一章基于多规融合、景观规划体系构建、专项规划调整等建立了GI引导下采矿迹地生态恢复协调框架，但要保证空间规划的落地实施，还需要在政策法规、组织机构、融资机制和生态理念方面得以完善，本章将从以上几方面剖析采矿迹地生态恢复过程中遇到的问题，进而构建城市GI引导下的采矿迹地生态恢复的实施保障机制。

7.1 政策法规体系化：城市GI引导下采矿迹地生态恢复的保障

7.1.1 自然保护和恢复法律完善

城市GI引导下的采矿迹地生态恢复强调从景观生态学出发，实现区域或景观尺度的生态系统服务功能的恢复，同时为人类提供游憩休闲、观赏教育的创造空间。而实践中的采矿迹地生态恢复很少能达到城市生物多样性保护、栖息地恢复等生态功能目标。这种理想与现实之间的转变必须依赖于严密的立法保障。而目前我国自然资源保护立法尚不完善，难以从源头保证采矿迹地实现真正意义的“生态功能恢复”。

我国目前对于自然资源的保护是以保护对象的自然属性为依据，设立自然保护区、森林公园、风景名胜区、湿地保护区及地质公园等相对孤立的、散点状的保护地类型。针对这些地类，各个部门相应立法也“百花齐放”，如《自然保护区条例》(1994年)、《森林公园管理办法》(1993年)、《森林和野生动物类型自然保护区管理办法》(1985年)、《水生动植物自然保护区管理办法》(1997年)等，部门法规的不协调引发部门管理冲突，生态资源管理各自为政，我国恰恰缺乏一部针对自然保护的综合性立法[129]。此外，与自然保护相关的还有2015年1月1日起修订施行《环境保护法》，此《环境保护法》修订案被称为史上最严格的新法。但是该法更偏重于环境治理和保护、污染和其他公害防治及公众健康方面保障等方面，从自然保护和景观管理角度引导和约束较少。

自然保护的综合性立法与其配套的相关法律的协同，是部分发达国家自然保护与生态恢复取得成就的核心基础。美国的《国家公园基本法》、日本的《自然环境保全法》、德国的《联邦自然保护法》都属于以保护自然为目的的高层级综合性立法[129]。

德国采矿迹地生态恢复的成功很大程度得益于德国严谨的自然保护立法。其中《联邦自然保护法》是影响采矿迹地生态恢复最为基础和重要的法律，该法第1条描述了自然保护和景观管理的目标，即，为了永久性的保障人类居住空间及户外开敞空间数量和质量的稳定，对自然景观的保护、管理及修复做出规定。该法保护范围包括：①生态系统及其服务功能；②自然资源的可再生能力和自然资源供给的可持续性；③动植物及其自然栖息地；④自然景观的多样性、独特性和美观度，以及它们为人类休闲所创造的价值。同时，该法在第1章第7节中第2条提到“任何不可避免的自然景观损害，必须通过自然演替、景观重塑、土地复垦和植物恢复，使其接近于自然或半自然的状态。同时，第2章第19条提出，造成生态干扰的企业或个人被强制通过自然维护和景观管理措施或其他的补偿方式来抵消这些不可避免的生态环境损失”。

这里肯定了自然保护与生态恢复是为了保障“户外开敞空间”的数量与质量，强调了生态恢复要达到的目标围绕动植物栖息地保护、生物多样性、资源可持续性、生态功能恢复设定，将生态受损区域恢复至“接近于自然或半自然的状态”。

以上目标也反映了GI引导下的采矿迹地生态恢复的目标，即一定要恢复生态功能与结构，而非土地用途。因此要实现这种区域景观目标GI引导下的采矿迹地生态恢复，需要从法律源头上提升我国生态保护与规划的生态学意义，需要一个覆盖更全面、保护更有力、与中国自然保护现实接轨的法律，如颁布类似德国、美国及日本的自然保护综合性立法《自然保护法》，建立整体而连续的生态空间保护概念和相应法规指导，强调生态空间的多样性，强调保护与修复并重，重视采矿迹地等具有潜在生态价值的受损生态空间。同时，认真履行《生物多样性公约》等保护地球生物资源的国际性公约，将其理念落实到国家政策和政府工作中。

7.1.2　区域性生态恢复政策出台

GI引导下的采矿迹地生态恢复是将采矿迹地置于矿、城、乡统一的地域背景中，面对采矿迹地生态环境破坏的全局性、区域性、复杂性，从区域或城市尺度出台相应的生态恢复政策能够以整体生态重建为目标，统筹考虑采矿迹地带来的生态问题，划定不同采矿迹地生态恢复分区，采取不同的恢复及管制策略，优先恢复对于完善GI贡献大的采矿迹地片区。全市应提出“生态恢复目标下的徐州市 GI 系统规划建设”的城市生态空间重建目标，并出台相应配套政策，通过减免税收等方式鼓励大面积、连续的具有较高生态潜力的采矿迹地作为城市 GI 空间，组织基金会、社团活动鼓励社会力量积极参与到采矿迹地整体生态恢复中，重新建立新的 GI 斑块，联系断裂的斑块廊道，通过采矿迹地生态恢复重构城市 GI 系统。

鲁尔区的区域生态恢复政策是其全面经济社会复兴的重要框架与基础，而目前鲁尔区形成的区域生态空间结构，或称之为 GI 框架，源于 20 世纪 20 年代，当时的鲁尔矿区住区协会（SVR）第一次提出“区域公园”的概念，从此开始这一绿地政策经过不断地强化和推动，从 1966 年的“绿带”规划、1985 年提出的“区域绿色开敞空间”的概念，到 1988 年的埃姆歇公园国际建筑展览会，鲁尔区“生态可持续发展”的思想深入人心。因此在 20 世纪 90 年代，不断完善该 GI 框架成为大量采矿迹地生态恢复的重要目标之一，时至今日仍然如此。政府根据区域 GI 规划，购买对于完善该生态空间体系作用较大的采矿迹地，通过政府投资或引入社会资本，将其恢复为绿地。目前鲁尔区内绿地总面积已达到 75000hm^2，人均绿地面积达 130m^2。可见大尺度下生态恢复政策的建立，是实现 GI 引导下采矿迹地生态恢复的前提条件。

7.1.3 土地复垦目标及内涵拓展

GI 引导下的采矿迹地生态恢复拓展了传统土地复垦的内涵及目标，以完善城市 GI 为目标来指导采矿迹地的生态恢复的功能区划，这就要求相应的土地复垦及制度也需要向更综合、广泛的目标调整。

我国的生态恢复政策多显现在保持一定数量基本农田、调整土地利用结构、用经济手段恢复生态[169]，同样采矿迹地土地复垦相关政策也较关注恢复耕地及土地的经济用途，对采矿迹地生态恢复的目标及内涵的政策引导尚有偏颇。在《土地复垦条例》（2011 年）中第一章第二条指出：“土地复垦，是指对生产建设活动和自然灾害损毁的土地，采取整治措施，使其达到可供利用状态的活动”。这里土地复垦的目标是达到可供利用状态，忽视了土地生态功能的恢复。此外，国土资源部《关于开展工矿废弃地复垦利用试点工作的通知》（2012 年）中指出：“工矿废弃地复垦利用，是将历史遗留的工矿废弃地以及交通、水利等基础设施废弃地加以复垦，在治理改善矿山环境基础上，与新增建设用地相挂钩，盘活和合理调整建设用地，确保建设用地总量不增加，耕地面积不减少、质量有提高的措施”。这一政策的出台，对于许多建设用地指标紧张的矿业城市来说，即是解了其“燃眉之急”，政府在土地财政的制度背景下，积极地将各类采矿迹地复垦为耕地，用以置换建设用地指标。

虽然在我国人地矛盾突出的国情下复垦耕地的目标意义重大，但对于生态功能恢复的忽略将可能会导致保证耕地数量的同时，区域或城市整体生态质量的下降，不利用城市的可持续发展。因此，在《土地复垦条例》及其相关配套政策中，进一步扩展土地复垦目标，完善复垦工作中的相关内容，从恢复到“可供利用”目标，在保证我国粮食生产安全的前提下，向生态系统结构和功能恢复、城市或区域生态功能重建等目标靠近。从过去较为单一的土地复垦与整治过程，真正过渡到关注采矿迹地的生态恢复效益、重建多层次、稳定而富有吸引力的植物群落，重视土地上栖息地恢复与生物多样性保护，实现生态、经济、社会效益平衡的整体景观恢复。其次，从加强生态环境保护和增强可持续发展能力的意义上来讲，在一些具有优势条件且位于关键景观位置的采矿迹地，将其优先复垦成较少人为干扰的林草地、水域及湿地，建立野生生物栖息地是非常必要的。

7.1.4 棕地转绿地奖励政策施行

《国家新型城镇化规划（2014～2020年）》中已经提出：“将农村废弃地、其他污染土地、工矿用地转化为生态用地，在城镇化地区合理建设绿色生态廊道”，一方面各地应积极了解并争取国家政策带来的财政资助及倾向性优惠，另一方面，国家层面政策过于宏观，在采矿迹地向GI用地，尤其是非营利性的公共开敞空间转变的过程中难免会遇到土地收购、建设及维护费用、利益补偿等诸多实际问题，因此，有必要在微观的地方层面出台与国家政策相配套的地方激励政策，主动将空间建设的生态效益外部化纳入到市场经济机制中去，采取一定的激励政策是绿地等开敞空间保留或建设的常见途径[233]。

美国对于废弃地转绿地提供相应的资金激励措施，比如污染场地修复基金（The Hazardous Discharge Site Remediation Fund，HDSRF）规定，如果场地用作生态恢复或休憩绿地，基金将提供75%的资金配比；如果作为住宅，将可以获得50%的配比资金；如果运用了新的生态恢复技术，将获得25%的资金配比，此项基金还能用于政府对于包括废弃地在内的绿地开敞空间的土地收购[248]。美国还鼓励将采矿迹地恢复为湿地，将采矿迹地作为环境影响评价生态补偿中湿地银行的保留“储备”用地，开发商可以通过购买恢复为湿地的采矿迹地作为其在其他地区开发的代价。湿地银行或其他类型缓冲银行已经成为美国土地资源保护的有效工具，保护了大量受到威胁的栖息地和物种，本质上讲，补偿银行能够使得大片相连的土地得以保护或整体修复。

同样在德国鲁尔区的采矿迹地生态重建中，“二分之一再利用”和“在公园中生活”的策略，从一定程度上鼓励采矿迹地作为区域开敞空间。“二分之一再利用”指在土地开发过程中必须一半用来经济开发、一半用来景观重建，而且若景观绿地不能达到规划要求，就不允许进行经济建设开发。“在公园中生活”同样是强调采矿迹地生态恢复过程中生态空间建设的重要性。虽然国情不同不能照搬这类政策，但类似的奖励本质上是达到公共利益和私人利益的共赢，因此，建立适合于我国国情下的，促进采矿迹地转城市绿地的激励政策非常必要，该类政策对于煤炭城市空间的可持续及健康发展意义重大。

7.2 组织机构协作化：城市 GI 引导下采矿迹地生态恢复的框架

在采矿迹地生态恢复的过程中，如何平衡政府、矿企、投资者和村民之间的利益是关键。行之有效的运行机构是推动 GI 引导下的采矿迹地生态恢复的要素关键。“城市 GI 引导”是采矿迹地生态恢复的总体目标，但要实现该目标需要涉及不同类型的采矿迹地生态恢复项目，这些项目具有不同的场地条件、生态功能、系统位置、社会经济背景，由具有不同价值取向的多个实施主体完成。“缝合”意味着将这些零散的生态恢复项目整合到 GI 优化的大目标下，强调城乡整合、矿城整合、矿矿整合及相关利益整合，调动起政府、矿企、农民等各方利益体的积极性，强调不同学科的交流、政府和科研机构的合作，这种整合是全方位和共赢的，是以实现矿城乡统筹发展下的采矿迹地生态重建为目的的。“缝合”不仅仅是空间上的统一规划，更是为涉及生态恢复的人们提供一个统一的目标蓝图，在整体管理愿景与单体要素目标之间寻找平衡点。

7.2.1 多方利益主体博弈关系

（1）地方政府：经济发展与城市建设优先

《土地复垦条例》（2011 年）明确规定在采矿迹地复垦义务人灭失的情况下，历史遗留土地由县级以上人民政府负责组织复垦，同时一些企业从土地破坏之始，便承担着补偿、复垦及征地各项费用的支出，在其无力复垦时，复垦责任将会转移到政府及社会。因此采矿迹地生态恢复对于政府来说是一笔巨大的财政支出，没有资金来源只能是巧妇难为无米之炊。而相对费用巨大的生态恢复来说，政府更乐意于通过“经营建设用地”获得包括土地出让金以及各土地部门的征收费用的财政收入。

2012 年 3 月国土资源部下发《关于开展工矿废弃地复垦利用试点工作的通知》似乎改变了政府对待采矿迹地的态度，该通知确定在包括江苏徐州在内的 10 省份开展试点，通过对历史遗留废弃地的复垦利用，与新增建设用地相挂钩[11]。此时采矿迹地从“弃儿”变为“宠儿”，尤其在煤田与耕地复合度高的平

[11] 详见，南方周末：百万公顷煤矿废地：从“弃儿”到“宠儿”中国式复垦隐忧 http：//www.infzm.com/content/84906。

原型矿业城市，政府寄希望于通过采矿迹地复耕来最大程度的缓解城镇化对建设用地需求压力，国土部门在《工矿废弃地复垦调整利用专项规划》中甚至明确量化了每年的复垦调整利用挂钩指标。这在一定程度上促进了采矿迹地复耕的进度，但从根本上也是一种“经济导向”下换取更多建设用地的发展模式。

尽管如此，政府代表的是公众利益，随着生态文明观念在各个领域的全面渗透，不少政府已经开始积极通过采矿迹地的生态修复，重塑城市的生态空间，营造市民休憩的绿地场所，像徐州、淮北等城市政府较早对塌陷较深、连片的采煤塌陷积水区进行生态恢复和景观改造，形成位于城市及其周边的宝贵的水域空间，从而打造城市品牌，引入媒体关注度高、能借以带动周边产业发展的采矿迹地生态重建项目。

(2) 采矿企业：责任弱化与企业利益至上

企业作为独立经济体，其根本目标即经济利益最大化。企业在追求自身利益时，将矿区生态环境当作一种“公共物品”，出现所谓的“搭便车”现象，尤其对于历史遗留的采矿迹地复垦存在责任模糊的现象。

矿山企业行为一切都以成本收益为核心，对于采矿迹地，企业希望能够在合法的前提下尽可能减少土地复垦费、征地费、青苗补偿等费用的支出，减少生产成本，在难以界定责任人的前提下，尽量将采矿迹地划定为“历史遗留”类型，将责任从企业转移到了政府。对于权属清晰、区位较好的采矿用地，根据《土地管理法》⑫ 及《城镇国有土地使用权出让和转让暂行条例》⑬ 规定，闭矿后停止使用或改变工业用地性质的土地，应由市、县人民政府应无偿收回其划拨土地使用权并出让，但是企业并不愿将土地按照规定退出，宁愿这些土地称为“存量土地”而非“废弃土地”，希望尽可能保留并通过合法方式盘活来增加企业效益。

以徐州贾汪区夏桥工业广场用地为例，夏桥是拥有百年历史的老矿，其工业广场上遗存办公楼（日建）、碉堡、井架等较丰富的工业文化遗产（图 7-1），在《徐州市贾汪城市总体规划》（2008～2020 年）中心城区总体规划中将此地规划为“公共绿地”与“文化娱乐用地”（图 7-2）；与此同时企业自 2004 年起便不断委托相关单位对该地块做各类概念性规划，但这些规划由于缺乏与政府的沟通和协议仅仅成为“空中楼阁”难以落地，该地块一直处于几近闲置的状态长达十多年。

---

⑫ 《土地管理法》规定，“因单位撤销、迁移等原因，停止使用原划拨的国有土地的，由有关人民政府土地主管部门报经原批准用地的人民政府或者有批准权的人民政府批准，可以收回国有土地使用权”。

⑬ 《城镇国有土地使用权出让和转让暂行条例》第四十七条规定：“无偿取得划拨土地使用权的土地使用者，因迁移、解散、撤销、破产或者其他原因而停止使用土地的，市、县人民政府应当无偿收回其划拨土地使用权，并可以依照本条例的规定予以出让”。

图 7-1　徐州贾汪区夏桥工业广场工业遗产

（图片来源：作者自摄）

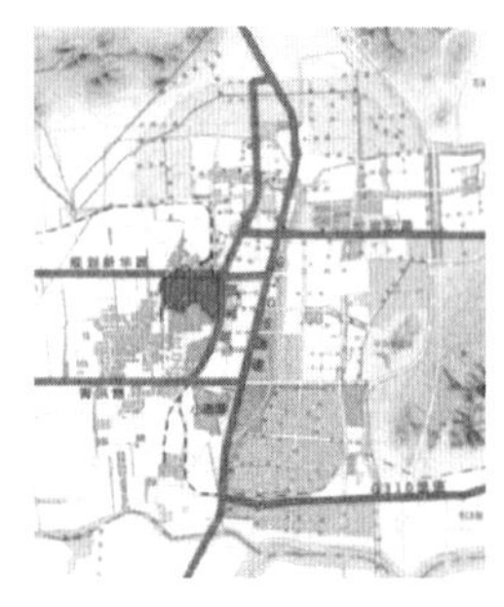

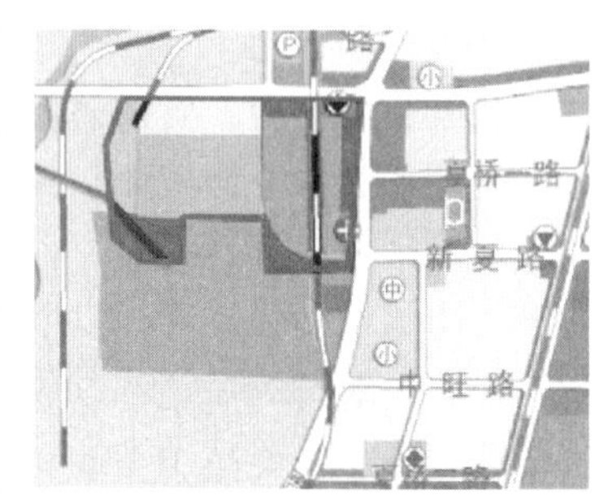

图 7-2　城市总体规划对于夏桥工业广场的功能定位

（图片来源：《贾汪城市总体规划（2008～2020 年）》）

(3) 规划部门：各行其政且缺乏沟通

各类规划部门同政府一样应该代表公众利益。我国没有专门的土地复垦或生态修复管理机构，采矿迹地生态恢复不仅仅涉及城乡规划管理部门和国土资源管理部门，还涉及发改委、环境保护、农业、林业、水利、交通等部门。这些部门的管理体系以“垂直管理”为特征，呈现明显的“条块分割”状态，各个部门规划衔接，轻横向规划协调。实践中，土地复垦的立项、监管与验收主要由国土资源部门的耕保部牵头负责，环保部门负责矿区污染河流治理，林业部门负责植树造林，农业委员会负责农业渔业发展，塌陷湿地公园绿化又是市政园林局的工作范畴。

一方面各部门缺乏统一的信息共享平台，对相关规划部门的职能范围、规划目标及内容等难以了解，由于部门专业的限制无法对其他职能部门的工作内容进行干涉；另一方面，很多情况下各规划部门的项目存在叠置的现象，也会出现项目互相打架冲突的局面，最终导致资金和资源的浪费，生态恢复效率降低。总之，要实现 GI 引导下的采矿迹地生态恢复，必须建立各部门畅通交流的合作平台。

(4) 失地农民：弱话语权与利益丧失

农民作为采矿活动中利益受损最严重的个体，却往往拥有最弱的话语权。塌陷区村民不仅面临失去土地威胁，而且要承受村庄搬迁、环境恶化等负面效应，缺乏与政府、企业之间平等的对话渠道，仅仅为争取短期利益而争取更多的补偿费，缺乏长远利益打算。即使将采矿迹地恢复为湿地公园、自然保护区等城市 GI 用地，完成恢复的土地又被作为城市绿道绿带，矿区周边的乡镇村上的土地开发权被削弱或禁止，各类建设用地及相关项目被禁止，在招商引资、村镇产业发展方面出现障碍，因此这种出于公共利益的绿地建设反而成为政府与村民利益冲突的又一矛盾主体。

7.2.2　多方利益合作平台构建

如何在采矿迹地生态恢复过程中协调各利益体之间的矛盾，不论在西方还是我国始终是一个重要而艰难的课题。要实现 GI 引导下的采矿迹地生态恢复，必须建立一个多方利益体、多部门合作的创新机制，从全局性、战略性及综合性出发，解决多元利益主体导致的复杂问题。

建立和完善“边际人”制度是实现各方矛盾调和的有效途径，即，设立专门机构协调各方利益体矛盾，使各方的利益诉求能够清晰的摆在统一平台之上，同时促使各方面的规划及决策能够尽快穿越边界，成为区域及景观尺度下采矿迹地生态恢复规划决策及实施的共同基础。

德国建筑博览会（IBA）机构便是这样一个独立存在的、部门及公众利益协调“桥梁”机构。它曾经对德国鲁尔埃姆歇地区和劳其茨露天褐煤矿区的生态重建做出重大贡献，是目前各个国家效仿的成功运作机构模式。IBA 可以认为是一类政府支持的、独立于政府、企业和公众的非营利组织机构（NGO）。IBA 大部分都是由政府组织、以私营有限责任公司形式出现的，如位于盖尔森基兴的埃姆歇景观公园国际建筑展有限公司，除了公司本身之外，还包括一个董事会、一个监理会、一个专业指导委员会和一个规划评选委员会，共同参与到项目规划过程中[76]。

IBA 公司对于规划及设计内容及资金配给有完全的自主权，其由政府授权、受政府监督但不代表政府利益，IBA 有如下特征：①有限期存在：IBA 在一定的年限内存在，埃姆歇景观公园 IBA 和劳其茨 IBA 的期限都是 10 年，建筑展期满则公司解散，大部分职员带着 IBA 项目的经验和专业技术投入到其他部门的工作中。②提供合作平台：IBA 公司最大的特点是为不同的利益群体建立一个交流合作的平台和机会，项目的讨论和最终确定要尊重建筑及规划师、各级政府、企业及工会、环境保护组织的需求。③非盈利运作：IBA 类似于一个创意项目发起和运作机构，其自身的企业运营资金由政府提供，但项目的投资和运作费用来源于各级政府、私人企业或欧盟提供的各类基金。以上特征都说明 IBA 确实作为第三方协调组织，实现了平衡不同群体利益的代理人作用。

因此，根据国外成功经验，建议以徐州市市政府牵头，改革和完善目前的采矿迹地生态恢复管理体制，可以由政府授权组织建立一个拥有完全自主权、独立于各部门的采矿迹地生态恢复机构（图 7-3），由此机构协调各部门、各利益主体联合开展生态恢复工作，以协商会、访谈、问卷调查等形式将政府、矿企、村镇代表的利益诉求统一呈现，在保证有利于城市整体生态空间建设的前提下，实现多种平衡公共事业与利益主体之间的关系，同时加强公众参与机制，建立各级政府和相关部门或机构“自上而下”的领导，与“自下而上”的公众参与相结合的规划运作策略。

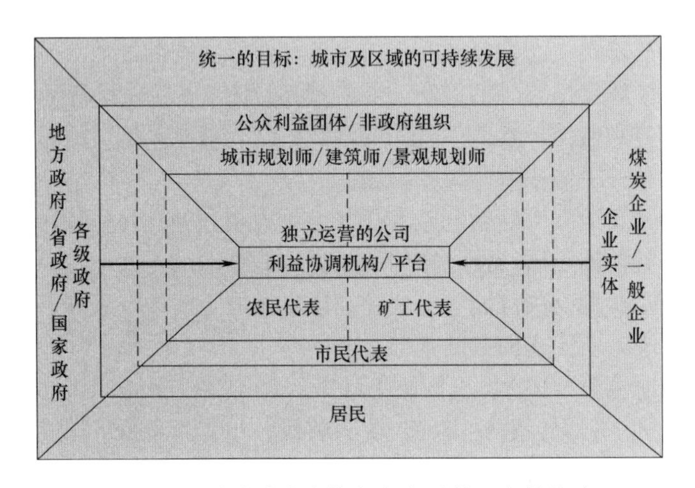

图 7-3　采矿迹地生态恢复多方利益平台的构建

（图片来源：作者自绘）

此外，徐州已经实现了矿地一张图的数字城市地理空间框架，该数据平台录入了矿区赋存、地质条件、储量、地下暗河、矿区地面土地权属、破坏范围、破坏程度、塌陷土地的开发利用等信息，应在此平台基础上建立与之相平行的徐州市 GI 空间数据库，并将生态恢复相关规划及项目实施情况动态反映出来，建立起各行政部门透明公开的信息数据共享体系。

7.3　公私投资融合化：城市 GI 引导下采矿迹地生态恢复的途径

我国采矿迹地的“欠账”过多、基数巨大。截至 2012 年，徐州采矿塌陷地累计总面积 $2.16\times10^4\ hm^2$，其中未复垦面积 $1.18\times10^4\ hm^2$，占总量 55%，淮北累计塌陷土地1.87×10⁴hm²，仍有0.9×10⁴hm²未治理塌陷地，占46%，每年仍以万亩的速度增长，仅仅依靠政府提供资金来“还清旧账”是极其不现实的，假设每年治理面积1600 hm²，按每亩投资2万元计算，年治理投资额需要5亿元，生态恢复投资缺口巨大。其次，我国还未建立起较完善的生态恢复资金保障及运行机制，资金来源较为单一，虽然《土地复垦条例》(2011年)规定，对历史遗留损毁土地和自然灾害损毁土地，政府应当投入资金进行复垦，或者按照“谁投资，谁受益”的原则，吸引社会投资进行复垦。但企业投资和治理依然意识淡薄，尤其是优先作为GI用地的采矿迹地生态恢复，由于投资大经济收益小，较难引入社会资金。因此要真正落实城市GI引导下的采矿迹地生态恢复，仅仅依靠国家及地方政府资助不现实，必须建立创新、多元、灵活的融资机制。

7.3.1 积极争取国家项目资金

国家及地方政府应该是采矿迹地生态恢复的重要资金来源。德国鲁尔区1989～1999年间的埃姆歇国际建筑展组织开展了基于采矿迹地生态恢复和用地更新的120余个项目，虽然IBA建立的平台促使更多的社会资金投入恢复项目，但州政府及地方政府的投资总额仍然占到三分之二以上。而美国的棕地开发倡议也是伴随着大量政府资金的投入的，1997年15个联邦政府积极响应克林顿政府的棕地行动议程，共同参与棕地联合开发行动，将超过3亿美元的资金投入到美国城市棕地生态恢复与更新项目中。除此之外，英国也设立了棕地基金，为棕地治理提供大量资金，棕地再利用已经上升为英国全国性的土地利用政策。

因此，要是实现GI引导下的采矿迹地生态恢复，必须积极响应国家对于资源型城市或老工业基地等区域的财政倾斜和投资政策，配合国家层面政策制定地方实施政策，申报各类资助项目。如，国土资源部《关于开展工矿废弃地复垦利用试点工作的通知》(2012年)中徐州、淮北都是两淮流域高潜水位矿业城市的典型试点，《全国老工业基地调整改造规划(2013～2022年)》中徐州、淮北、枣庄等都被纳入规划范围内，《全国资源型城市可持续发展规划(2013～2020年)》中也将这几个城市作为全国资源型城市之列。这一系列的政策意味着，中央及各级政府都会加大对这些城市的资金投入与转移支付力度，增加生态治理的财政倾斜和信贷投资。除争取国家财政投资外，还可通过国家开发银行贷款等其他融资方式进行资金周转。

7.3.2 激励矿企履行恢复责任

对于责任明晰的采矿迹地生态恢复，应在GI引导的采矿迹地生态恢复专项规划下，政府应该运用一系列非权力的柔性机制激励和引导矿山企业，使矿山企业积极主动地履行生态恢复责任，鼓励土地复垦义务人积极主动复垦，吸引地方政府、社会各方积极参与复垦。在新的《土地复垦条例》（2011 年）中提出，应推动多元土地复垦模式，综合运用经济、行政手段，针对不同主体规定相应的激励措施：一是在生产建设中损毁的土地，通过税收退还的政策，促进土地复垦义务人积极主动履行义务。二是对于历史遗留损毁土地和自然灾害损毁土地，遵循“谁投资、谁受益”的模式，通过补充耕地指标奖励、低息贷款或经济补贴等手段向积极致力于生态保护的矿山企业提供一定的启动资金，解决矿山企业资金困难的问题。

同时，缴纳保证金制度的完善也是促进矿企履行生态恢复任务的手段之一，它对促进矿山企业全面履行环境责任，恢复和治理我国矿区生态环境，构建我国矿产资源生态补偿体系具有重要意义。

7.3.3 建立公私合营融资模式

GI 引导下采矿迹地生态恢复需要多方利益体之间的合作，同样也需要通过市场化运作途径，使得政府、私人及社会各界共同投入资金实现整体生态恢复的目标，公私合营方式（Public-Private-Partnerships，PPP）及“建设－经营－转让”模式（Build-Operate-Transfer，BOT）等都是国内外基础设施建设或生态治理中较常见的项目融资模式。

PPP 模式是将部分政府责任以特许经营权方式转移给企业，政府与企业建立起“利益共享、风险共担、全程合作”的共同体关系，政府的财政负担减轻，企业的投资风险减小。如在德国黑尔腾市的艾瓦尔德矿，基于原煤矿工业用地更新的蒙特-塞尼斯街区建设及复兴项目，是公私合营开发成功案例。煤矿企业作为土地拥有者，与城市规划机构建立起公私合营制平台，具体措施是联合建立了 EMC 地产开发公司，而企业与城市政府同时拥有该公司的股份，EMC 投资购入该采矿迹地的土地所有权，资金来源包括北威州政府及黑尔腾市政府的资助，以及 EMC 的投资预算。EMC 的主要任务是对于场地进行规划设计及实施，同时增加场地内基础设施，创造良好的外部环境吸引具体项目的入驻（图 7-4）。

以上公私投资的融合，有助于协调政府和矿企的积极性，并提供使规划的参与者能够基于共同的发展远景对规划进行广泛的讨论和协商的平台，平衡各种利益冲突，实现统一目标下的协调行动。尤其是要建立更灵活和宽泛的矿城土地开发合作机制，保证企业利益和公共利益的共赢，目前很多企业和政府都意识到了合作的重要性。比如徐州矿务集团在其企业政策中明确指出：“要打破‘死守土地、非企业控股不干’的固有观念，树立‘不求所控、但求资源转换增值’的开发思想，把资源以地产存在形式转换为股权、资金存在形式，把关闭矿山土地、

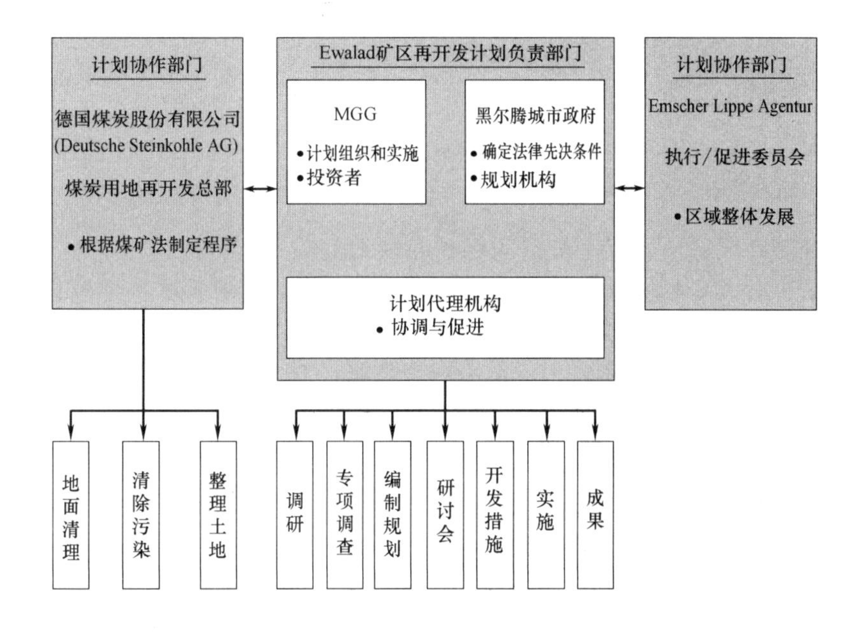

图 7-4　采矿迹地再开发计划运作框架

（图片来源：参考文献［241］绘制）

采煤塌陷地和非矿厂点作为合作资本，引入大企业及运营商入驻，通过租赁、承包、作价入股、必要可拍卖出让等多种合作形式，将存量资源有效盘活”。这些政策都表明企业融入地方发展与规划的积极意愿。徐州市矿务集团还于 2010 年成立了新美土地利用开发公司，和企业房地产管理处合署办公，负责存量土地的开发。对位于市区或临近市区、符合城镇规划、具备开发条件的地块，积极与相关部门沟通，将其纳入政府土地储备计划，交政府收储后挂牌上市出让，同时可获得土地和地面附属物的补偿，土地挂牌出让的净收益，政府和企业可以五五分成。

BOT 模式实质上是以政府和私人机构之间达成协议为前提，由政府向私人机构颁布特许，允许其在一定时期内筹集资金建设某项基础设施，并管理和经营该设施及其相应的产品与服务。徐州市潘安湖湿地公园的运作模式就是基于 BOT 模式，政府积极引入社会投资，通过项目公司总承包形式，融资、建设验收合格后移交，目前潘安湖公园湿地公园建设已经初步成形，公园内部餐饮、湿地酒店、农家乐等项目逐渐落地，在生态恢复的同时盘活了周边土地，经济项目的收益将反哺初期投资，缓解了生态恢复融资困难的问题，为下一步潘安湖二期湿地生态恢复项目提供资金来源。

7.4 生态理念优先化：城市 GI 引导下采矿迹地生态恢复的核心

7.4.1 生态理念之于土地制度

土地制度缺陷是城市生态空间保护与恢复面临现实困境的深层次原因[33]，要从传统分散式采矿迹地生态恢复转变为城市 GI 引导的采矿迹地整体生态恢复，实现重构城市 GI 系统引导城市空间的可持续发展，本质是将“效率优先”转变为“生态优先”，必须从根本上扭转我国经济利益导向的价值取向，将生态优先、生态文明的理念融合到城市发展、土地保护等各个方面。

具体而言，GI 引导下的采矿迹地生态恢复要优先考虑城市 GI 用地的完善，而代表公共利益的 GI 用地，由于没有经济回报或回报周期长，往往市场无人问津，或最容易陷入经济导向或市场压力妥协的局面。政府及相关规划部门应该是“公共利益”的集中代表，但城市规划长期被蒙上了一层“经济优先”的色彩，众多城市规划都被认为要以“效率”优先，以发展为要务，以各类建设快速进行为目标[188]，经济主导了城市空间和资源配置，其本质是对土地资源的疯狂掠夺。各类空间规划从用地分类、规划内容、编制技术、成果要求等方面都体现出生态效能的不足，究其本质是由于规划学科的价值取向偏颇。

其次，我国政府管理职能表现出的经济主体特征十分明显，“土地财政”给我国当前城市刻上了深深的烙印，土地成为政府可以掌控的重要资源，是实现其经济目标及政治利益的快速通道。当前 GDP 为中心的政绩考核指标体系使得生态实效所具有的公共利益、所体现的公平原则往往不受政府重视，自然环境（水、大气、绿色空间等）往往成为不适当的规划管理的第一个牺牲品[241]，那么这种制度背景下，很难保证 GI 引导下采矿迹地的全面生态恢复。

总之，土地制度缺陷深刻地影响着城市生态空间的保护和生态恢复，因此必须转变政府土地收益完全依赖土地批租税的土地税收制度，逐步实现土地运营管理模式由垄断土地产权的“圈地运动”向注重提供城市公共产品以提高土地资产价值的方式转变，为“生态优先”、“整体优化”理念下的采矿迹地生态恢复提供一个健康的体制框架背景。

7.4.2 生态理念之于景观设计

在东部平原地区，我国的采矿迹地生态恢复实践主要集中于塌陷区土地的整理，传统的挖深垫浅、耕地复垦、植树造林等措施，与国外注重生物多样性、生态系统及物种栖息地恢复的景观生态规划设计相差甚远，这源于我国对于“生态”一词理解的误区，生态不是简单的覆绿，不是广泛的植树种草，也不是注重视觉效果的景观设计。在对徐州市几个塌陷湿地公园调研过程中发现，其一，多数公园建设模式雷同，人工建设痕迹明显，大量观赏类植被代替了乡土物种，大面积的草坪覆盖及硬质铺地，这些不仅意味着高成本的绿地维护费用，而且使得生态恢复效果严重缩水；其二，生态恢复重局部而轻整体，对区域内地表水情况、地下水位、景观结构等因素考虑较少，难以实现生态功能的全面提升；其三，公园周边也存在过量开发的现象，为了“以商养园”运转资金，公园内建设大量商业、娱乐等服务设施，土地硬化率高，公园所发挥的生态服务功能大打折扣，有“保护口号，实则开发”之嫌。因此必须将生态理念真正融入采矿迹地的生态恢复景观设计中。

① 遵循“师法自然”的原则，实现低成本的、顺应自然规律的修复模式。“师法自然”理念认为真正的生态修复要靠自然力来恢复和维系，人工手段只是一个起诱导和促进作用的途径。生态修复后形成的生态系统不是一个全靠人工维护、支撑的暂时的生态系统，而是一个自我完善、正向演替的生态系统。德国有很多采矿迹地被作为自然保护区，禁止人类干扰，常年观测结果显示采矿迹地具有非常强的自我生态演替能力。在鲁尔区的众多采矿迹地公园中也始终贯彻着“尊重自然”的生态可持续理念（图 7-5）。

图 7-5　生态理念在采矿迹地生态恢复项目中的运用

（图片来源：作者自摄）

② 遵循“本土优先”的原则，改变现有的“重观赏性”景观设计理念，切实通过土壤、气候及地形条件规划场地景观，选择合适的乡土植被类型。尤其针对部分有污染的采矿迹地，应该选择忍耐性和可塑性强，能适应极端土壤条件的植被，作为生物修复技术的一部分，融入公园的景观设计中。

③ 遵循“文化传承”的原则，在采矿迹地生态恢复中应注意工业遗产文化

景观的留存，避免“千园一面”的设计模式，通过创新性景观设计，重塑地区归属感，在历史保护和新元素介入之间建立一种平衡，这种积极的转变将促使煤矿区人们思想的变化，从原先对煤矿一切相关事物的厌恶，逐渐变为以它们独特的工业文明而自豪。

7.5 本章小结

本章从政策法规体系化、组织机构协作化、公私投资融合化以及生态理念优先化 4 个方面建立了城市 GI 引导下的采矿迹地生态恢复的实施保障体系，主要结论如下：

（1）从政策法规角度，提出完善自然资源保护及恢复法律、出台区域性生态恢复政策、拓展土地复垦目标及内涵、施行棕地转绿地激励政策 4 个方面建议。

（2）从组织机构角度，剖析 GI 引导下采矿迹地生态恢复的多方利益主体博弈关系，提出建立统一有效的组织机构协作机制是关键，借鉴德国 IBA 在其矿区生态重建中的宝贵经验，构建 GI 引导下的采矿迹地生态恢复的各利益体组织机构协调平台。

（3）从资金来源角度，提出建立公私合营的融资模式是实现 GI 引导下采矿迹地生态恢复的重要途径。

（4）从生态理念角度，提出我国土地制度的缺陷是实现 GI 引导下采矿迹地生态恢复的根本障碍，改变目前制度中的经济优先为生态优先是关键，同时在采矿迹地景观规划设计中也要避免“绿色混淆生态”，依据师法自然、本土优先、文化传承的原则进行生态恢复景观设计。

第8章 结　论

遵循“问题导向——理论建立——现状评价——模型构建——规划应对——保障体系”研究脉络，以景观生态学、恢复生态学、城市规划学等学科理论为指导，基于东部平原煤炭城市的特征，以采矿迹地生态恢复过程中出现的“矿城隔离、孤立恢复、经济导向、规划缺失”的现实困境为切入点，引入“GI引导”的概念，建立“GI引导下的采矿迹地生态恢复”理论体系，以江苏省徐州市为例，在分析采矿迹地与城市GI的空间结构与功能关联性的基础上，建立GI引导下的采矿迹地生态恢复的区划评价模型，基于我国空间规划“多规并存”的现状，设计GI引导下采矿迹地生态恢复的空间规划协调框架，并从法律法规、组织机构、融资机制及生态理念方面构建相应的实施保障体系。

8.1 研究结论

本书围绕GI引导下的采矿迹地生态恢复，从理论、方法、实证等多个层面进行了广泛而深入的研究并得出以下研究结论：

（1）从基本理论、学科、空间、研究尺度和规划方法等方面系统归纳分析了我国采矿迹地生态恢复的基本理论、研究框架及发展趋势，得出国内外采矿迹地生态恢复研究具有从微观层面的土壤及植被恢复，逐渐走向较大尺度下景观格局和生态功能恢复研究的整体趋势；探讨研究了煤炭城市GI受快速城市化和采矿活动双重影响的现状特征，但由于受到“矿城隔离”、“城乡隔离”等外界因素影响，在采矿迹地生态恢复研究中较少考虑城市整体的生态结构及功能恢复。研究得出：GI作为一个强调“系统性及整体性”的生态保护和恢复工具，对于我国采矿迹地生态恢复研究及实践具有重要意义。在城市GI背景下审视采矿迹地的生态恢复，有益于大尺度采矿迹地生态恢复功能区划的整体控制，同时也促进了煤炭城市GI网络的完善。

（2）采矿迹地深刻影响城市发展，大尺度城市背景统筹考虑采矿迹地生态恢复非常必要。本文研究得出东部平原煤炭城市采矿迹地生态恢复的现实困境及其原因：①矿城隔离：采矿迹地生态恢复忽视城市生态重建的目标；②孤立恢复：采矿迹地生态恢复之区域整体观念缺失；③经济导向：采矿迹地生态恢复以“再利用”为核心；④规划缺失：采矿迹地生态恢复空间引导与调控缺失。分析表明以优化 GI 为目标的采矿迹地生态恢复理论及方法能够缓解以上矛盾，是生态优先思想下的一种新的尝试；“GI 引导下采矿迹地生态恢复”具有“整体最优”、“生态优先”、“多方协作”的丰富内涵，既是一个战略性框架，也是一类规划方法。

（3）基于恢复生态学、景观生态学、城市规划学等学科，构建了 GI 引导下的采矿迹地生态恢复规划的理论体系，其主要内容主要涵盖以下几个方面：①GI 引导下的采矿迹地生态恢复的基本原则，即区域性、系统性、分区分级、多功能、高效性原则；②GI 引导下采矿迹地生态恢复的根本目标是促进煤炭城市的可持续发展，转变经济导向为生态导向的发展模式；③GI 引导下的采矿迹地生态恢复研究的基本流程包括：明确城市 GI 引导下的采矿迹地生态恢复的内涵，确定采矿迹地与 GI 的关联性、明确生态恢复目标，建立 GI 引导下的采矿迹地生态恢复评价模型，确定 GI 引导下采矿迹地生态恢复区划管控策略，设计 GI 引导下的采矿迹地生态恢复的规划协调机制，建立 GI 引导下的采矿迹地生态恢复规划的实施保障机制。

（4）分析煤炭城市采矿迹地与 GI 之间的结构及功能关联性，是确定 GI 引导下采矿迹地生态恢复具体目标的前提。采矿迹地恢复为生态用地，将可以通过增加斑块面积、优化斑块形状、增加斑块间的连通性等方式优化现有的 GI 结构。采矿迹地生态恢复对于提升城市整体生态功能具有重要意义，可以为城市提供供应服务功能、栖息地支持功能、调节功能及文化服务功能在内的多种生态系统服务功能。

（5）通过基于 PSR 模型的生态重要性评价，以及基于 Conefor Sensinode 2.6 软件的景观连接度评价，建立了采矿迹地优化 GI 的贡献度指数 Cgi，得到 GI 引导下采矿迹地生态恢复区划评价模型，证明采矿迹地自身的生态属性与其所在区域位置共同决定了其优化城市 GI 的潜力。基于 ArcGIS10.2 平台，成功将该模型运用到徐州市采矿迹地生态恢复区划评价的实证研究中，得出结论：将 Cgi 值按照自然断点法划分为 4 个等级，从高到低依次划分为保育型 GI 恢复区、游憩型 GI 恢复区、生产型 GI 恢复区和建设用地恢复区 4 类区划，依据人为干扰的程度，提出不同区划生态恢复的主要目标功能及恢复策略。徐州市 Cgi 等级“非常高”及“高”的采矿迹地分别达到 3703.04hm^2 和 4963.61hm^2，占总面积的 24.76%和 33.19%，主要集中于贾汪片区、董庄片区、庞庄东片区的大部分，以及庞庄西片区的故黄河两岸，若将这些区域纳入城市 GI 系统，将能有效改善城市 GI 结构、增加城市生态功能、提升城市整体生态环境质量。

（6）系统梳理了我国煤炭城市空间规划体系，研究表明城乡总体规划、土地利用总体规划、国民经济和社会发展规划、土地复垦专项规划等不同部门编制规划对于采矿迹地的规划管控存在交叉或空缺的现状。其原因涉及不同规划编制内容、规划目标、管控范围的差异性，矿、城、乡分离导致各类规划之间缺乏协调。研究得出，实现GI引导下采矿迹地生态恢复不仅是对某一类规划提出建议，而必须重视不同规划之间的衔接及协调关系。继而从法定规划、GI规划以及专项规划三个层面自身及其之间的关系入手，建立以促进城市整体生态空间重构的采矿迹地生态恢复空间规划协调机制：①构建以采矿迹地生态恢复为核心的多规融合体系；②建立保护与恢复并重的煤炭城市的GI规划体系；③制定GI引导下的采矿迹地生态恢复专项规划体系；④构建矿、城、乡协同发展的采矿迹地相关规划协调机制。

（7）从政策法规、组织机构、资金来源和生态理念的视角，建立GI引导下的采矿迹地生态恢复实施保障机制。从政策法规角度，需要完善自然资源保护及恢复法律、出台区域性生态恢复政策、拓展土地复垦目标及内涵、施行棕地转绿地激励政策；从组织机构角度，建议成立一个独立于各部门、协调各方利益的合作平台或机构；从资金来源角度，提倡建立公私合营的融资模式；从生态理念角度，逐渐转变土地制度导致经济优先的城市发展和土地利用模式，正确树立尊重自然、保护本土植被、传承工业遗产文化的生态恢复理念。

8.2　研究创新点

（1）构建了GI引导下采矿迹地生态恢复理论体系

在理论上，基于采矿迹地对煤炭城市发展的影响机理分析，从城市GI与采矿迹地之间“整体与局部”的关系出发，提出“GI引导下的采矿迹地生态恢复”的概念，建立城市尺度下GI与采矿迹地的关联性分析框架，构建了包含原则、目标、研究流程及关键研究问题在内的GI引导下采矿迹地生态恢复理论体系。研究强调了城市GI优化目标对于科学、高效引导采矿迹地生态恢复、促进城市空间健康发展的重要性，一方面为采矿迹地生态恢复研究提供了一种整体性、系统性的新思路与新方法；另一方面也促使研究人员及规划工作者基于生态优先思想、从更大尺度对采矿迹地生态恢复做出科学评价及规划决策。

（2）建立了GI引导下的采矿迹地生态恢复区划评价模型

在方法上，依托ArcGIS平台，从采矿迹地自身的生态属性，以及其在城市GI结构中的空间位置两个层面出发，构建基于生态重要性评价及景观连接度评价的采矿迹地优化GI贡献度（*Cgi*）评价模型，实现GI引导下的采矿迹地生态恢复评价技术方法。该方法是对传统的根据土壤类型、水文条件、地形地貌等因素进行区划决策的有益补充，建立了生态引导、GI优先的采矿迹地生态恢复区划评价方法。该方法具有易操作、快速、定量评价的优点，尤其将景观连接度指数运用到大尺度采矿迹地生态恢复评价中，拓展了景观生态学方法在恢复生态学中的应用领域，实现了采矿迹地生态恢复与GI整体生态功能之间作用的定量评价，为采矿迹地分区分阶段有序复垦以及完善城市绿地系规划提供科学依据，也为其他平原地区煤炭城市的空间布局、采矿迹地综合治理提供了可资借鉴的案例。

(3) 设计了GI引导下的采矿迹地生态恢复空间规划协调框架

在实践上，通过对我国空间规划体系作用于采矿迹地的机理分析，从不同部门编制规划的范围、目标及内容等方面，找出采矿迹地生态恢复“无规可依，有规难依”困境的根本原因，以提升城市整体生态环境为目标，设计GI引导下的采矿迹地生态恢复的外部规划协调框架，证明实现该目标不仅仅是对某一类规划编制的调整，更重要的是在矿、城、乡统筹背景下规范各类法定规划、非法定景观生态规划、专项规划的衔接和协调行为。这些研究思路及成果，一方面对于我国自然资源保护和生态空间规划具有积极意义；另一方面为我国煤炭城市建立适合城市发展特征的多规协调目标及框架、开展“多规合一”工作提供参考。

8.3 研究不足与展望

(1) 基于多尺度的GI引导下的采矿迹地生态恢复研究

本书提出从区域尺度、城市尺度、片区尺度及场地尺度研究GI引导下的采矿迹地生态恢复，但由于本文侧重于采矿迹地对于城市空间结构布局的影响研究，因此仅在城市尺度上对二者进行研究，其研究结果能够确定哪些采矿迹地适宜恢复为城市GI用地，且恢复为哪一个等级的GI用地，采矿迹地生态恢复区划对于土地复垦项目统筹布设、辅助城市规划决策具有重要意义，但要确定采矿迹地生态恢复具体的土地功能，还必须进行片区及场地尺度的研究，同时必须综合考虑生态、经济、社会因素，从宏观到微观建立多尺度下的采矿迹地生态恢复评价及决策研究。

(2) 多时段下采矿迹地与城市GI的演变规律及作用机制研究

采煤塌陷地的形成及其生态恢复是长期不断变化的过程，本书偏于静态的研究框架不足以涵盖其动态内涵，多时相下采矿迹地与城市GI结构演变规律及动态关联研究，对于科学选择恢复地点、提高生态恢复效率、确定城市重要生态区域和潜在生态资源具有重要意义。如何能定量描述二者的关系，预测不同生态恢复时序及功能对于GI景观结构和功能的影响，更好理解格局—过程—功能之间的关系，基于塌陷预测及生态监测技术，建立采矿迹地与城市GI之间的动态模拟定量研究体系，将是一个极具挑战性的研究方向。

(3) 特殊地域条件GI引导下采矿迹地生态恢复研究

我国不同地域下采矿迹地的形态特征及突出问题具有显著差异，如山区与平原地区采煤塌陷情况就不尽相同，本文所建立的采矿迹地生态恢复区划评价指标体系，在针对不同地域评价时应该因地制宜的进行调整。同时，由于尺度较大，资料的完整获取困难，采矿迹地的塌陷损毁程度、污染状况尚未量化纳入评价指标体系，因此在此基础上可以通过遥感探测损毁现状技术、样点选取监测等手段，依据不同地域下采矿迹地对生态环境影响特征，进一步优化与完善评价体系。

本书试图建立城市GI引导下的采矿迹地生态恢复的理论体系、定量评价方法以及空间规划协调机制等，并将其应用到东部平原型煤炭城市徐州市，但由于作者研究时间、学识水平，以及对于生态学相关知识理解深度的限制，因此本书在一些方面还是较为不足的，如果本书的研究成果能对同行的进一步研究起到一点借鉴作用，那将给笔者带来莫大的鼓励。

参考文献

[1] 张石磊，冯章献，王士君. 传统资源型城市转型的城市规划响应研究——以白山市为例 [J]. 经济地理，2011，(11)：1834-1840.

[2] Bungart R，Bens O，Hüttl R F. Production of bioenergy in post-mining landscapes in Lusatia：Perspectives and challenges for alternative landuse systems [J]. Ecological Engineering，2000，16 (3)：5-16.

[3] Schulz F，Wiegleb G. Development options of natural habitats in a post-mining landscape [J]. Land Degradation & Development，2000，11 (2)：99-110.

[4] Hüttl R F，Weber E. Hüttl RF，Weber E. Forest ecosystem development in post-mining landscapes：a case study of the Lusatian lignite district. Naturwissenschaften 88：322-329 [J]. Naturwissenschaften，2001，88 (8)：322-329.

[5] 常江，Theo Koetter. 从采矿迹地到景观公园 [J]. 煤炭学报，2005 (3)：399-402.

[6] 卞正富. 国内外煤矿区土地复垦研究综述 [J]. 中国土地科学，2000，14 (1)：6-11.

[7] 胡振琪，赵艳玲，程玲玲. 中国土地复垦目标与内涵扩展 [J]. 中国土地科学，2004，18 (3)：3-8.

[8] 李果. 区域生态修复的空间规划方法研究 [D]. 北京：北京林业大学，2007：24-30.

[9] 赵华，卞正富. 在土地开发整理项目中加强生态环境效益评价的探讨 [J]. 中国土地科学，2003，17 (3)：34-37.

[10] 陈志彪，涂宏章，谢跟踪. 采矿迹地生态重建研究实例 [J]. 水土保持研究，2002，9 (4)：31-32.

[11] 李富平，夏冬. 采矿迹地生态重建模式研究 [J]. 化工矿物与加工，2010，39 (5)：25-28.

[12] 闫德民，赵方莹，孙建新. 铁矿采矿迹地不同恢复年限的植被特征 [J]. 生态学杂志，2013，32 (1)：1-6.

[13] 蓝崇钰，束文圣. 矿业废弃地植被恢复中的基质改良 [J]. 生态学杂志，1996，(2)：55-59.

[14] 李永庚，蒋高明. 矿山废弃地生态重建研究进展 [J]. 生态学报，2004，24 (1)：95-100.

[15] 李一为，杨文姬等. 采矿迹地植被恢复研究 [J]. 中国矿业，2010，19 (1)：58-60.

[16] Hannah wright. Understanding Green Infrastructure：the Development of a Contested Concept in England [J]. Local Environment，2011，16 (10)：1003-1019.

[17] Rouse D C，Bunsier-Ossa I F. Green infrastructure：A landscape approach [R]. Apa Planning Advisory Service，2013 (571)：1-164.

[18] Sebastian Moffatt. A Guide to Green Infrastructure for Canadian Municipalities [DB/OL]. [2015-10-1]. http：//www. sustainablecommunities. fcm. ca/files/Tools/GreenGuide _ Eng _ Oct2002. pdf.

[19] 裴丹. 绿色基础设施构建方法研究述评 [J]. 城市规划，2012 (5)：84-90.

[20] Firehock，Karen. 2010. A Short History of the Term Green Infrastructure and Selectd Literature [OL]. [2015-10-1]. http：//www. gicinc. org/PDFs/GI%20History. pdf.

[21] 付喜娥，吴人韦. 绿色基础设施评价（GIA）方法介述——以美国马里兰州为例 [J]. 中国园林，2009，(9)：42-45.

[22] Benedict M A，Mcmahon E T. Green infrastructure：smart conservation for the 21st century [J]. Renewable Resources Journal，2002，20 (3)：12-17.

[23] Abunnasr Y，Hamin E M. The Green Infrastructure Transect：An Organizational Framework for Mainstreaming Adaptation Planning Policies [M]. Resilient Cities 2：Cities and Adaptation to Climate Change-Proceedings of the Global Forum 2011. 2012：205-217.

[24] Gary Austin，Gary Dean Austin. Green Infrastructure for Landscape Planning：Integrating Human and Natural Systems [M]. Routledge，2014：56-77.

[25] Sadahisa kato. An Overview of Green Infrastructure's Contribution to Climate Change Adaptation [C]. 第十三届中日韩风景园林学术研讨会，2012：228-232.

[26] Naumann，S.，McKenna D.，Kaphengst，T. et al. Design，implementation and cost elements of Green Infrastructure projects [R]. Brussels：European Commission，2011.

[27] Schneekloth L H. UrbanGreen Infrastructure [M]. Time-Saver Standard for Urban Design，2003.

[28] 张新时. 关于生态重建和生态恢复的思辨及其科学含义与发展途径 [J]. 植物生态学报，2010，34 (1)：112-118.

[29] Bradshaw A D. Restoration Ecology as a Science [J]. Restoration Ecology，1993，1 (2)：71-73.

[30] 林祖锐，常江，王卫. 城乡统筹下徐州矿区塌陷地生态修复规划研究 [J]. 现代城市研究，2009，(10)：91-95.

[31] 龙花楼. 采矿迹地景观生态重建的理论与实践 [J]. 地理科学进展，1997 (4)：70-76.

[32] 卞正富. 我国煤矿区土地复垦与生态重建研究 [J]. 资源·产业，2005，02：18-24.

[33] 张超荣，屠李．基于城市生态空间维护的城市土地产权制度分析与优化 [C]．中国城市规划年会，2012.

[34] 孙顺利，周科平．矿区生态环境恢复分析 [J]．矿业研究与开发，2007，27 (5)：78-81.

[35] 苏飞，张平宇．欧美国家城市工业废弃地治理及其启示 [J]．国际城市规划，2007．04：71-74.

[36] Jackson S T，Hobbs R J．Ecological Restoration in the Light of Ecological History [J]．Science，2009，325 (5940)：567-9.

[37] Palmer M A，Filoso S．Restoration of ecosystem services for environmental markets．[J]．Science，2009，325 (5940)：575-6.

[38] 谷金锋．大兴安岭典型采矿迹地土壤重金属污染分析与生态恢复研究 [D]．东北林业大学，2014.

[39] 蓝楠，杨朝琦．美国矿山土地复垦制度对我国的启示 [J]．安全与环境工程，2010，17 (4)：101-104.

[40] 胡振琪，赵艳玲，毕银丽．美国矿区土地复垦 [J]．中国土地，2001，(06)：43-44.

[41] 梁留科，常江，吴次芳，等．德国煤矿区景观生态重建/土地复垦及对中国的启示 [J]．经济地理，2002，22 (6)：711-715.

[42] 孟广文，尤阿辛．福格特．作为生态和环境保护手段的空间规划：联邦德国的经验及对中国的启示 [J]．地理科学进展，2005，24 (6)：21-30.

[43] 王莉，张和生．国内外矿区土地复垦研究进展 [J]．水土保持研究，2013，20 (1)：294-300.

[44] 胡振琪，高永光等．矿区生态环境的修复与管理 [J]．环境经济，2005，17 (5)：12-15.

[45] 胡振琪，魏忠义，秦萍．矿山复垦土壤重构的概念与方法 [J]．土壤，2005，37 (1)：8-12.

[46] 张成梁，B．Larry Li．美国煤矿废弃地的生态修复 [J]．生态学报，2011，31 (1)：276-285.

[47] 尹德涛，南忠仁，金成洙．矿区生态研究的现状及发展趋势 [J]．地理科学，2004，24 (2)：238-244.

[48] 王英辉，陈学军．金属矿山废弃地生态恢复技术 [J]．金属矿山，2007 (6)：4-7.

[49] 潘德成，宋品玉，吴祥云，等．矿区废弃地不同植被模式生态稳定性评价 [J]．辽宁工程技术大学学报：自然科学版，2013 (8)：1076-1080.

[50] 项元和，于晓杰，魏勇明．露天矿排土场生态修复与植被重建技术 [J]．中国水土保持科学，2013 (S1)：48-54.

[51] 王蓉，康萨如拉，牛建明，等．草原区露天煤矿复垦恢复过程中植物多样性动态—以伊敏矿区为例 [J]．内蒙古大学学报：自然科学版，2013 (6)：597-606.

[52] 毕银丽，吴王燕，刘银平. 丛枝菌根在煤矸石山土地复垦中的应用 [J]. 生态学报，2007，27（9）：3738-3743.

[53] 杨翠霞，赵廷宁，刘育成，等. 基于 DEM 的废弃矿山小流域地形特征分析 [J]. 水土保持通报，2013，33（3）：170-174.

[54] 白中科，赵景逵. 工矿区土地复垦、生态重建与可持续发展 [J]. 资源环境，2001. 09：39-42.

[55] 崔旭，葛元英，白中科. 黄土区大型露天煤矿区生态承载力评价研究——以平朔安太堡露天煤矿为例 [J]. 中国生态农业学报，2010，18（2）：422-427.

[56] 秦文展. 露天铝土矿生态恢复过程中生物多样性研究 [D]. 中南大学，2011.

[57] 白中科，赵景逵，朱荫湄. 试论矿区生态重建 [J]. 自然资源学报，1999，14（1）：35-41.

[58] 白中科，贺振伟，李晋川，等. 矿区土地复垦与生态产业链总体规划设计 [J]. 山西农业科学，2010，38（1）：51-55.

[59] 马立强，安森东，王西兵. 生态产业引导的采煤塌陷区生态重建模式研究——以淮北矿区为例 [J]. 山东工商学院学报，2015，29（3）：39-44.

[60] 杜剑，杨志银. 矿产资源采空区生态重建经济政策的国际借鉴及启示 [J]. 煤炭技术，2011，30（10）：1-2.

[61] 房茂红. 矿区生态恢复环境经济评价方法及理论研究 [D]. 辽宁工程技术大学，2006.

[62] 徐大伟，杨娜，张雯. 矿山环境恢复治理保证金制度中公众参与的博弈分析：基于合谋与防范的视角 [J]. 运筹与管理，2013，（4）：20-25.

[63] 靳东升，郜春花，张强，等. 山西省采煤区农户复垦意愿研究 [J]. 现代农业科技，2011，（08）：350-351.

[64] 薛建春. 基于生态足迹模型的矿区复合生态系统分析及动态预测 [D]. 中国地质大学（北京），2010.

[65] 鲍艳，胡振琪，陈改英. 矿山关闭后矿业城市面临的问题研究综述 [J]. 测绘通报，2005. 06：59-61.

[66] 刘抚英，栗德祥. 工业废弃地土地更新利用的框架、模式与程序 [J]. 城市规划学刊，2009. 03：69-74.

[67] 常江，冯姗姗. 矿区工业废弃地再开发研究——以徐州夏桥井废弃地改造为例 [J]. 中国矿业，2007. 06.

[68] 崔凯. 废弃矿区改造与政府政策分析 [J]. 矿业工程，2006，4（5）：54-56.

[69] 汤学虎，基于干扰理论的城市废弃地再利用策略研究——以唐山市大南湖地区生态恢复实践为例 [D]. 上海同济大学，2008.

[70] 张伟，张文新，蔡安宁，等. 煤炭城市采煤塌陷地整治与城市发展的关系——以唐山市为例 [J]. 中国土地科学，2013，（12）：73-79.

[71] 陈明，马嵩. 从避免资源压覆看空间规划的协调——基于东中部煤炭城市调研分析

[J]. 城市规划，2014，(9)：9-14.

[72] 武静. 探索煤矿塌陷废弃地在城市绿地系统规划中的改造和利用 [J]. 工程建设与档案，2005，(3)：161-163.

[73] 王广成，闫旭骞. 矿区生态系统健康评价指标体系研究 [J]. 煤炭学报，2005. 08：534-538.

[74] 胡振琪，李玲，赵艳玲，等. 高潜水位平原区采煤塌陷地复垦土壤形态发育评价 [J]. 农业工程学报，2013，(5)：95-101.

[75] 许冬，吴侃. 济宁煤矿区地表塌陷积水时空演变 [J]. 辽宁工程技术大学学报：自然科学版，2014，(10)：1307-1311.

[76] 曾梓峰. 全球化挑战下的城市再造－以汉堡为例 [J]. 研考双月刊，2006，30 (5)：56-70.

[77] 李保杰，顾和和，纪亚洲. 矿区土地复垦景观格局变化和生态效应 [J]. 农业工程学报，2012，(3)：251-256.

[78] 吴国玺，喻铮铮，刘良云. 区域景观格局变化及生态修复——以北京门头沟区为例 [J]. 地理研究，2011，(7)：1227-1236.

[79] 渠爱雪. 矿业城市土地利用与生态演化研究 [D]. 中国矿业大学，2009.

[80] 徐嘉兴，李钢，陈国良，等. 土地复垦矿区的景观生态质量变化 [J]. 农业工程学报，2013，(1)：232-239.

[81] 廖谌婳. 平原高潜水位采煤塌陷区的景观生态规划与设计研究 [D]. 中国地质大学（北京），2012.

[82] 刘海龙. 城市边缘区复兴与发展的重要途径：工矿废弃地的生态恢复与可持续利用——以北京石花洞风景区为例 [C]. 第六届日中韩风景园林研讨会议论文集，2003.

[83] 侯湖平，张绍良，闫艳，等. 基于RS，GIS的徐州城北矿区生态景观修复研究 [J]. 中国矿业大学学报，2010，(4)：504-510.

[84] 关文彬，谢春华，马克明，牛健植，赵玉涛，汪西林. 景观生态恢复与重建是区域生态安全格局构建的关键途径. 生态学报，2003，23 (1)：64-73.

[85] 沙晋明，师学义，申广荣，等. 露天煤矿土地复垦与生态重建规划决策信息系统 [J]. 能源环境保护，1997，(2)：36-40.

[86] 张显金. 矿粮复合区土地可持续利用评价与复垦规划研究 [D]. 山东农业大学，2008.

[87] 杨延君，白中科，周伟，等. 土地复垦方案实施可操作性分析 [J]. 资源与产业，2012，14 (1)：96-99.

[88] 王海萍，师学义，唐臣燕，等. 矿区土地复垦规划中的利益主体分析 [J]. 矿业研究与开发，2013，(03).

[89] 蔡来良，吴侃，谢艾伶. 基于B/S结构的矿山测量信息管理系统的设计与实现 [J]. 测绘科学，2009，(03)：209-210.

[90] 苏尚军，张强，张建杰，等. 塌陷预测在采煤矿区土地复垦规划中的应用 [J]. 山西农业科学，2012，(04)：378-382.

[91] 丁玉龙. 矿山土地复垦规划快速三维可视化技术 [J]. 煤矿开采，2013，18 (5)：80-82.

[92] 丁圳祥，狄帝，马晓君，等. 基于三维激光扫描技术的塌陷土地复垦规划研究 [J]. 安徽农业科学，2014，(23)：8014-8016.

[93] Rosa D L，Privitera R. Characterization of non-urbanized areas for land-use planning of agricultural and green infrastructure in urban contexts [J]. Landscape & Urban Planning，2013，109 (1)：94-106.

[94] MARCO AMATI & LAURA TAYLOR. From Green Belts to Green Infrastructure [J]. Planning，Practice & Research，2010，25 (2)：143-155.

[95] Weber T，Wolf J. Maryland's Green Infrastructure—Using Landscape Assessment Tools to Identify a Regional Conservation Strategy [J]. Environmental Monitoring & Assessment，2000，63 (1)：265-277.

[96] Wade T G，Wickham J D，Zaccarelli N，et al. Corrigendum to "A multi-scale method of mapping urban influence" [J]. Environmental Modelling & Software，2010，25 (1)：170.

[97] CHRISTOPHER COUTTS. Green Infrastructure and Public Health in the Florida Communities Trust Public Land Acquisition Program [J]. Planning Practice & Research，2010，25 (4)：439-459.

[98] Tzoulas K，Korpela K，Venn S，et al. Promoting ecosystem and human health in urban areas using Green Infrastructure：A literature review [J]. Landscape & Urban Planning，2007，81 (3)：167-178.

[99] Mansor M，Said I，Mohamad I. Experiential Contacts with Green Infrastructure's Diversity and Well-being of Urban Community [J]. Procedia - Social and Behavioral Sciences，2012，49：257-267.

[100] Alexandra Dapolito Dunn. Siting Green Infrastructure：Legal and Policy Solutions to Alleviate Urban Poverty and Promote Healthy Communities [J]. Pace Law Faculty Publications，2010，(1)：40-66.

[101] Carmela Canzonieri. M. E. Benedict and E. T. McMahon，Green Infrastructure：Linking Landscapes and Communities [J]. Landscape Ecol，2007，22：797-798.

[102] Brunner S W. Sharing the Green：Reformatting Wisconsin's Forgotten Green Space Grant with a Public-Private Partnership Design [J]. Marq. l. rev，2011，(1)：306-399.

[103] Weber T，Sloan A，Wolf J. Maryland's Green Infrastructure Assessment：Development of a comprehensive approach to land conservation [J]. Landscape & Urban

Planning，2006，77（1-2）：94-110.

[104] 李开然. 绿色基础设施：概念，理论及实践［J］. 中国园林，2009，25（10）：88-90.

[105] WICKHAM J D，RIITTERS K H，WADE T G，et al. A national assessment of green infrastructure and change for the conterminous United States using morphological image processing [J]. Lands Urban Plann，2010，94（3-4）：186-195.

[106] Anna barbati，Piermaria corona，Luca salvati，et al. Natural Forest Expansion Into Suburban Countryside：Gained Ground for a Green Infrastructure? [J]. Urban Forestry & Urban Greening，2013，12（1）：36-43.

[107] Erik andersson，Stephan barthel，Sara borgström，et al. Reconnecting Cities to the Biosphere：Stewardship of Green Infrastructure and Urban Ecosystem Services [J]. Ambio，2014，43（4）：445-453.

[108] GonzalezDuque，Antonio J，Panagopoulos，et al. Evaluation of the Urban Green Infrastructure using Landscape Modules，GIS and a Population Survey：Linking Environmental with Social Aspects in Studying and Managing Urban Forests [J]. Journal of Spatial & Organizational Dynamics，2013，1：82-95.

[109] Herzog C P. A multifunctional green infrastructure design to protect and improve native biodiversity in Rio de Janeiro [J]. Landscape & Ecological Engineering，2013：1-10.

[110] J. harris. Rebuilding Our Green Infrastructure [J]. Ecological Restoration，2010，28（4）：404-404.

[111] John lockhart. Green Infrastructure：the Strategic Role of Trees，Woodlands and Forestry [J]. Arboricultural Journal，2009，32（1）：33-49.

[112] Lynch. Is it Good to be Green? An Assessment of County Green Infrastructure Planning in Colorado，Florida，and Maryland [D]. University of Pennsylvania，2013.

[113] Kevin thomas，Steve littlewood. From Green Belts to Green Infrastructure? the Evolution of a New Concept in the Emerging Soft Governance of Spatial Strategies [J]. Planning Practice and Research，2010，25（2）：203-222.

[114] Jeff lerner，William l. allen. Environmental Reviews and Case Studies：Landscape-scale Green Infrastructure Investments as a Climate Adaptation Strategy：a Case Example for the Midwest United States [J]. Environmental Practice，2012，14（1）：45-56.

[115] Abunnasr Y，Hamin E M. The Green Infrastructure Transect：An Organizational Framework for Mainstreaming Adaptation Planning Policies [C]. Resilient Cities 2：Cities and Adaptation to Climate Change-Proceedings of the Global Forum 2011. 2012：205-217.

[116] Yong-Gook Kim，Yong-Hoon Son，Kyung-Jin Zoh. A Study on the Green Infra-

structure Policy and Planning in the Uk [C]. 第十三届中日韩风景园林学术研讨会，2012：149-155.

[117] V vandermeulen，A verspecht，B vermeire，et al. The Use of Economic Valuation to Create Public Support for Green Infrastructure Investments in Urban Areas [J]. Landscape and Urban Planning，2011，103（2）：198-206.

[118] Mell I C，Henneberry J，Hehl-Lange S，et al. Promoting urban greening：Valuing the development of green infrastructure investments in the urban core of Manchester，UK [J]. Urban Forestry & Urban Greening，2013，12（3）：296-306.

[119] Wilker J，Rusche K. Economic valuation as a tool to support decision-making in strategic green infrastructure planning [J]. Local Environment，2013，63（1）：255-264.

[120] Netusil N R，Levin Z，Shandas V，et al. Valuing green infrastructure in Portland，Oregon [J]. Landscape & Urban Planning，2014，124（2）：14-21.

[121] Beauchamp P，Adamowski J. Different Methods to Assess Green Infrastructure Costs and Benefits in Housing Development Projects [J]. Journal of Sustainable Development，2012，5（4）：2-22.

[122] Liu W，Holst J，Yu Z. Thresholds of landscape change：a new tool to manage green infrastructure and social-economic development [J]. Landscape Ecology，2014，29（4）：1-15.

[123] Davis A Y，Belaire J A，Farfan M A，et al. Green infrastructure and bird diversity across an urban socioeconomic gradient [J]. Ecosphere，2012，3（11）：1-18.

[124] Jones S，Somper C. The role of green infrastructure in climate change adaptation in London [J]. Geographical Journal，2014，180（2）：191-196.

[125] C. Scott Shafer，David Scott，John Baker，et al. Recreation and Amenity Values of Urban Stream Corridors：Implications for Green Infrastructure [J]. Journal of Urban Design，2013，18（4）：478-493.

[126] Sophie churchill，Simon evans. Environmentally Led Regeneration：Challenges and Opportunities of Green Infrastructure [J]. Journal of Urban Regeneration and Renewal，2010，4（1）：11-18.

[127] Mazlina Mansor，Ismail Said，Ismail Mohamad. Experiential Contacts with Green Infrastructure' s Diversity and Well-being of Urban Community [J]. Procedia-Social and Behavioral Sciences，49（2012）257-267.

[128] Ibrahim M. Green infrastructure is given centre stage [J]. Horticulture Week，2010：15.

[129] 黄锡生，徐本鑫. 中国自然保护地法律保护的立法模式分析 [J]. 中国园林，2010，（11）：84-87.

[130] Worpole K. Going Green [EB/OL]. [2015-10-1]. http：//www. worpole. net.

［131］仇保兴．建设绿色基础设施，迈向生态文明时代——走有中国特色的健康城镇化之路［J］．中国园林，2010（7）：11-19.

［132］吴伟，付喜娥．绿色基础设施概念及其研究进展综述［J］．国际城市规划，2009，24（5）：67-71.

［133］俞孔坚，李迪华，潮洛蒙．2001．城市生态基础设施建设的十大景观战略．规划师，（6）：9-13.

［134］俞孔坚，黄刚，李迪华，刘海龙．景观网络的构建与组织——石花洞风景名胜区景观生态规划探讨［J］．城市规划学刊，2005，03：76-81.

［135］俞孔坚，李迪华，刘海龙，韩西丽．“反规划”之台州案例［J］．建筑与文化，2007，01：20-23.

［136］周年兴，俞孔坚，李迪华．信息时代城市功能及其空间结构的变迁［J］．地理与地理信息科学，2004，（02）：69-72.

［137］张帆，郝培尧，梁伊任．生态基础设施概念、理论与方法［J］．贵州社会科学，2007，（09）：105-109.

［138］秦趣，冯维波，梁振民，等．我国四大直辖市生态基础设施品质对比研究［J］．华中师范大学学报：自然科学版，2008，（3）：471-476.

［139］滕明君，周志翔，王鹏程，等．快速城市化城市生态基础设施结构特征与调控机制［J］．北京林业大学学报，2006，S2：105-110.

［140］杜士强，于德勇．城市生态基础设施及其构建原则［J］．生态学杂志，2010，29（8）：1646-1654.

［141］艾伦·巴伯（英），谢军芳撰文，薛晓飞译．绿色基础设施在气候变化中的作用［J］．中国园林，2009，25（2）：9-14.

［142］苏同向，王浩等．基于绿色基础设施理论的城市绿地系统规划——以河北省玉田县为例．中国园林［J］．2011，27（1）：93-96.

［143］俞孔坚，王思思，李迪华，等．北京城市扩张的生态底线——基本生态系统服务及其安全格局［J］．城市规划，2010（2）：19-24.

［144］李博．绿色基础设施与城市蔓延控制［J］．城市问题，2009（1）：86-90.

［145］贺炜，刘滨谊．有关绿色基础设施几个问题的重思．中国园林，2011，（1）：88-92.

［146］Chang Q，Li S，Wang Y，et al. Spatial process of green infrastructure changes associated with rapid urbanization in Shenzhen，China［J］. Chinese Geographical Science，2013，23（1）：113-128.

［147］Robin Ganser，Katie Williams. Brownfield Development：Are We Using the Right Targets? Evidence from England and Germany［J］. European Planning Studies，2007，15（5）：603-622.

［148］Altherr Wendy，Blumer Daniel，Oldörp Heike，et al. How do stakeholders and legislation influence the allocation of green space on brownfield redevelopment projects? Five case studies from Switzerland, Germany and the UK [J]. Business Strategy & the Environment, 2007, 16 (7): 512-522.

[149] Christopher A. De Sousa. The greening of brownfields in American cities [J]. Journal of Environmental Planning & Management, 2004, 47 (4): 579-600.

[150] Altherr W, Blumer D, Oldörp H, et al. How do stakeholders and legislation influence the allocation of green space on brownfield redevelopment projects? Five case studies from Switzerland, Germany and the UK [J]. Business Strategy & the Environment, 2007, 16 (7): 512-522.

[151] 邓位. 城市更新概念下的棕地转变为绿地 [J]. 风景园林, 2010 (1): 93-97.

[152] Meinke, Katja. Landscape planning: A comparative study of landscape planning in the United States and Germany [J]. 1997.

[153] Pediaditi K, Doick K J, Moffat A J. Monitoring and evaluation practice for brownfield, regeneration to greenspace initiatives: A meta-evaluation of assessment and monitoring tools [J]. Landscape & Urban Planning, 2010, 97 (1): 22-36.

[154] Herwijnen R V, Hutchings T R, Moffat A J, et al. How to Remediate Heavy Metal Contaminated Sites with Amended Composts: SUBR: IM Conference [C]. Springer, 2006.

[155] Sinnett D E, Hodson M E, Hutchings T R. Food-chain transfer of cadmium and zinc from contaminated Urtica Dioica to Helix Aspersa and Lumbricus Terrestris [J]. Environmental Toxicology & Chemistry, 2009, 28 (8): 1756-1766.

[156] M. C. McKinstry and S. H. Anderson. Evaluation of Wetland Creation and Waterfowl Use In Conjunction with Abandoned Mine Lands in Northeast Wyoming. WETLANDS, 1994, 14 (4): 284-292.

[157] 刘海龙. 采矿废弃地的生态恢复与可持续景观设计 [J]. 生态学报, 2004. 02: 323-329.

[158] Dietrich Norman Lewis, D. E. D. Landscape planning with wildlife corridors to increase the habitat value of mine land [D]. Texas A&M University, 1993.

[159] 何书金, 苏光全. 矿区废弃土地复垦潜力评价方法与应用实例. 地理研究, 2000, 19 (2): 165 -171.

[160] 姚章杰. 资源与环境约束下的采煤塌陷区发展潜力评价与生态重建策略研究 [D]. 复旦大学, 2010.

[161] 罗萍嘉. 煤炭资源枯竭型城市“矿·城”协同生态转型模式研究——以徐州为例 [D]. 东南大学, 2013.

[162] 景普秋. 资源型区域矿—城—乡冲突及其协调发展研究 [J]. 城市发展研究, 2013, (5): 146-151.

[163] 穆东, 杜志平. 资源型区域协同发展评价研究 [J]. 中国软科学, 2005, (5): 106-113.

[164] 谭维宁. 快速城市化下城市绿地系统规划的思考和探索——以试点城市深圳为例 [C]. 中国城市规划学会，2004：52-56.

[165] 朱查松，张京祥. 城市非建设用地保护困境及其原因研究 [J]. 城市规划，2008（11）：41-45.

[166] 高吉喜，杨兆平. 生态功能恢复：中国生态恢复的目标与方向 [J]. 生态与农村环境学报，2015，01：1-6.

[167] 舒沐晖. 重庆都市区城市非建设用地的规划研究 [D]. 重庆大学，2011.

[168] 冯萤雪，李桂文. 基于景观都市主义的矿业棕地规划设计理论探讨 [J]. 城市规划学刊，2013，（03）：93-98.

[169] 于秀波. 我国生态退化、生态恢复及政策保障研究 [J]. 资源科学，2002，24（1）：72-76.

[170] 汪劲柏，赵民. 论建构统一的国土及城乡空间管理框架——基于对主体功能区划、生态功能区划、空间管制区划的辨析 [J]. 城市规划，2008，32（12）：40-48.

[171] 陈西敏. 基于规划法的规划许可社会秩序辨释与探微 [J]. 城市规划，2012，36（3）：51-64.

[172] Naveh Z，Lieberman A S. The Evolution of Landscape Ecology [M]. Landscape EcologySpringer New York，1994：3-25.

[173] 李志明. 转型期我国景观规划体系的建立 [J]. 沈阳建筑大学学报：社会科学版，2011，13（2）：142-145.

[174] Bell S S，Fonseca M S，Motten L B. Linking Restoration and Landscape Ecology [J]. Restoration Ecology，1997，5（4）：318-323.

[175] Menz M H M，Dixon K W，Hobbs R J. Hurdles and Opportunities for Landscape-Scale Restoration. Science，2013，339（6119）：526-527.

[176] 李明辉，彭少麟，申卫军，等. 景观生态学与退化生态系统恢复 [J]. 生态学报，2003，23（8）：1622-1628.

[177] Stein E D，Dark S，Longcore T，et al. Historical ecology as a tool for assessing landscape change and informing wetland restoration priorities [J]. Wetlands，2010，30（3）：589-601.

[178] Holl K D，Aide T M. When and where to actively restore ecosystems [J]. Forest Ecology & Management，2011，261（10）：1558-1563.

[179] Crossman N D，Bryan B A. Systematic landscape restoration using integer programming [J]. Biological Conservation，2006，128（3）：369-383.

[180] Uribe D，Geneletti D，del Castillo RF，Orsi F. Integrating Stakeholder Preferences and GIS-Based Multicriteria Analysis to Identify Forest Landscape Restoration Priorities. Sustainability. 2014；6（2）：935-951.

[181] Crossman N D，Bryan B A，Ostendorf B et al. Systematic landscape restoration in the rural-urban fringe：meeting conservation planning and policy goals [J].

Biodivers Conserv，2007（16）：3781-3802.

[182] Tambosi L R，Martensen A C，Ribeiro M C，et al. A Framework to Optimize Biodiversity Restoration Efforts Based on Habitat Amount and Landscape Connectivity [J]. Restoration Ecology，2014，22（2）：169-177.

[183] Weber T，Wolf J，Blank P，et al. Restoration Targeting in Maryland's Green Infrastructure [R]. 2004.

[184] Liu H L. A key method for the redevelopment of urban fringe：ecological restoration and sustainable utilization of industrial and mining wastelands——case study of Shihuadong Scenic Area of Beijing [J]. Journal of The Japanese Institute of Landscape Architecture，2003，10：179-184.

[185] Schadt E E，Lamb J，Yang X，et al. An integrative genomics approach to infer causal associations between gene expression and disease [J]. Nature Genetics，2005，37（7）：710-7.

[186] Forest Research. Benefits of green infrastructure [R]. Farnham：Forest Research，2010.

[187] Davies，A. M. Nature After Minerals：how mineral site restoration can benefit people and wildlife [R]. Sandy：RSPB，2006.

[188] 孙施文. 城市规划不能承受之重——城市规划的价值观之辨 [J]. 城市规划学刊，2006，(01)：11-17.

[189] 朱介鸣. 发展规划：强化规划塑造城市的机制 [J]. 城市规划学刊，2008，(5)：7-14.

[190] 张新时. 关于生态重建和生态恢复的思辨及其科学含义与发展途径 [J]. 植物生态学报，2010，01期（1）：112-118.

[191] 金云峰，汪妍，刘悦来. 基于环境政策的德国景观规划 [J]. 国际城市规划，2014，03：123-126.

[192] 裴丹. 绿色基础设施构建方法研究述评 [J]. 城市规划，2012（5）：84-90.

[193] Bottrill M C，Joseph L N，Josie C，et al. Is conservation triage just smart decision making? [J]. Trends in Ecology & Evolution，2008，23（12）：649-654.

[194] Chazdon R L. Beyond Deforestation：Restoring Forests and Ecosystem Services on Degraded Lands [J]. Science，2008，320（320）：1458-60.

[195] Holl K D，Crone E E，Schultz C B. Landscape Restoration：Moving from Generalities to Methodologies [J]. Bioscience，2009，53（5）：491-502.

[196] Harrison C，Davies G. Conserving biodiversity that matters：practitioners' perspectives on brownfield development and urban nature conservation in London [J]. Journal of Environmental Management，2002，65（1）：95-108.

[197] Morrison，K. Can art help people understand the environmental value of brownfield sites? [J]. ECOS，2007，28（1）：56-66.

[198] Schulz F，Wiegleb G. Development options of natural habitats in a post-mining landscape [J]. Land Degradation & Development，2000，11 (2)：99-110.

[199] Wiegleb G，Felinks B. Predictability of early stages of primary succession in post-mining landscapes of Lower Lusatia，Germany [J]. Applied Vegetation Science，2001，4 (1)：5-18.

[200] Rathke D，Bröring U. Colonization of post-mining landscapes by shrews and rodents (Mammalia：Rodentia，Soricomorpha) [J]. Ecological Engineering，2005，24 (s1-2)：149-156.

[201] Littlefield T，Barton C，Arthur M，et al. Factors controlling carbon distribution on reforested minelands and regenerating clearcuts in Appalachia，USA. [J]. Science of the Total Environment，2013，465 (6)：240-247.

[202] Dietrich Norman Lewis，D. E. D. Landscape planning with wildlife corridors to increase the habitat value of mine land [D]. Texas A&M University，1993.

[203] Gerhard Wiegleb，Birgit Felinks. Primary succession in post-mining landscapes of Lower Lusatia — chance or necessity [J]. Ecological Engineering，2001，17 (1)：199-217.

[204] Bureau of Land Management. Programmatic Environmental Assessment：Abandoned Mine Lands Remediation Closure Techniques for Mine Shafts and Adits [R]. California Desert District，2010.

[205] Kalin M. Biogeochemical and ecological considerations in designing wetland treatment systems in post-mining landscapes [J]. Waste Management，2001，21 (2)：191-6.

[206] 林振山，王国祥. 矿区塌陷地改造与构造湿地建设——以徐州煤矿矿区塌陷地改造为例. 自然资源学报，2005，20 (5)：790-79.

[207] Wirth P，Cernic-Mali B，Fischer W，et al. Post-Mining Regions in Central Europe [M]. oekom，2012.

[208] 霍尔斯特·M·布荣尼. 鲁尔区——一个杰出的欧洲区域结构变化 [M]. 鲁尔地区联合会，2008.

[209] 吕斌，佘高红. 城市规划生态化探讨——论生态规划与城市规划的融合 [J]. 城市规划学刊，2006 (4)：29.

[210] 吴健生，张理卿，彭建，冯喆，刘洪萌，赫胜彬. 深圳市景观生态安全格局源地综合识别. 生态学报，2013，33 (13)：4125-4133.

[211] 李晖，易娜，姚文璟，等. 基于景观安全格局的香格里拉县生态用地规划 [J]. 生态学报，2011，20 期 (20)：5928-5936.

[212] 孙贤斌，刘红玉. 基于生态功能评价的湿地景观格局优化及其效应——以江苏盐城海滨湿地为例. 生态学报，2010，30 (5) ：1157-1166.

[213] 卜晓丹，王耀武，吴昌广. 基于 GIA 的城市绿地生态网络构建研究——以深圳市

为例［C］．城乡治理与规划改革——2014 中国城市规划年会论文集，2014.
［214］ 任小耿．徐州市绿色基础设施网络构建研究［D］．中国矿业大学，2015.
［215］ 谢花林，李秀彬．基于 GIS 的农村住区生态重要性空间评价及其分区管制——以兴国县长冈乡为例［J］．生态学报，2011，3（1）：230-238.
［216］ 申世广，王浩，荚德平，等．基于 GIS 的常州市绿地适宜性评价方法研究［J］．南京林业大学学报：自然科学版，2009（4）：72-76.
［217］ 陆同伟，宋珂，杨秀，等．基于生态适宜度分析的城市用地规划研究——以杭州市东南部生态带保护与控制规划为例［J］．复旦学报（自然科学版），2011（2）：245-251.
［218］ 何丹，金凤君，周璟．资源型城市建设用地适宜性评价研究——以济宁市大运河生态经济区为例［J］．地理研究，2011，30（4）：655-666.
［219］ 陈燕飞，杜鹏飞，郑筱津，等．基于 GIS 的南宁市建设用地生态适宜性评价［J］．清华大学学报：自然科学版，2006（6）：801-804.
［220］ Merriam G．Connectivity：a fundamental ecological characteristic of landscape pattern［C］．Methodology in landscape ecological research and planning ：proceedings，1984.
［221］ Taylor P D，Merriam G．Connectivity Is a Vital Element of Landscape Structure［J］．Oikos，1993，68（3）：571-573.
［222］ 吴昌广，周志翔，王鹏程，et al．景观连接度的概念、度量及其应用［J］．生态学报，2009，30（7）：1903-1910.
［223］ TAMBOSI L R，METZGER J P．A framework for setting local restoration priorities based on landscape context［J］．Brazilian Journal of Nature Conservation，2013，11（2）：152-157.
［224］ 陈杰．基于景观连接度的森林景观恢复研究——以巩义市为例［D］．河南大学，2012.
［225］ Gonzalez J R，Barrio G D，Duguy B．Assessing functional landscape connectivity for disturbance propagation on regional scales—A cost-surface model approach applied to surface fire spread［J］．Ecological Modelling，2008，211（1-2）：121-141.
［226］ 熊春妮，魏虹，兰明娟．重庆市都市区绿地景观的连通性［J］．生态学报，2008，28（5）：2237-2244.
［227］ 王霖琳，胡振琪．资源枯竭矿区生态修复规划及其实例研究［J］．现代城市研究，2009（7）：28-32.
［228］ 毛汉英，方创琳，兖滕两淮地区采煤塌陷地的类型与综合开发生态模式［J］．生态学报，1998，18（5）：449-454.
［229］ 王世东，郭徽，陈秋计，张合兵．基于极限综合评价法的土地复垦适宜性评价研究与实践［J］．测绘科学，2012，37（1）：67-70.

[230] 程琳琳，李继欣，徐颖慧，娄尚，王霖琳，孙思远. 基于综合评价的矿业废弃地整治时序确定 [J]. 农业工程学报，2014，30 (4)：222-229.

[231] Sklenicka P，Molnarova K. Visual Perception of Habitats Adopted for Post-Mining Landscape Rehabilitation [J]. Environmental Management，2010，46 (3)：424-435.

[232] 常江，罗萍嘉等. 走近“老矿”：矿业废弃地的再利用 [M]. 同济大学出版社，2011.

[233] 杨培峰. 我国城市规划的生态实效缺失及对策分析——从“统筹人和自然”看城市规划生态化革新 [J]. 城市规划，2010 (3)：62-66.

[234] 魏广君，董伟，孙晖. “多规整合”研究进展与评述. 城市规划学刊，2012 (1)：76-82.

[235] 王金岩. 空间研究 9：空间规划体系论——模式解析与框架重构 [M]. 东南大学出版社，2011.

[236] 胡序威. 区域规划力避部门纠葛 [J]. 瞭望，2006 (38)：34-35.

[237] 徐波. 城市绿地系统规划中市域问题的探讨 [J]. 中国园林，2005，21 (3)：65-68.

[238] 管青春，郝晋珉，石雪洁等. 中国生态用地及生态系统服务价值变化研究 [J]. 自然资源学报，2018，33 (2)：195-207.

[239] 蔡云楠，朱志军，郭冠颂，等. 生态城市规划的理念与实践——以广州海珠生态城为例 [J]. 南方建筑，2014，(06)：88-94.

[240] 姜允芳，刘滨谊，石铁矛. 城市绿地系统多学科的协作研究 [J]. 城市问题，2009 (2)：27-31.

[241] 李玲. 鲁尔区工业废弃地再利用规划研究 [D]. 中国矿业大学，2014.